强势

纪念版

When I say no, I feel guilty

如何在工作、恋爱和人际交往中快速取得主导权？

Manuel J.Smith, Ph.D.

［美］曼纽尔·J．史密斯 著　　欧阳瑾　陈兰 译

江苏凤凰文艺出版社
JIANGSU PHOENIX LITERATURE AND ART PUBLISHING, LTD

图书在版编目（CIP）数据

强势：纪念版 /（美）曼纽尔· J· 史密斯 (Smith,M.J.) 著；欧阳瑾，陈兰译．— 南京：江苏凤凰文艺出版社，2018.9（2025.4 重印）
ISBN 978-7-5594-1982-8

Ⅰ．①强… Ⅱ．①曼… ②欧… ③陈… Ⅲ．①成功心理-通俗读物 Ⅳ．① B848.4-49

中国版本图书馆 CIP 数据核字 (2018) 第 088779 号

版权局著作权登记号：图字 10-2014-137

强势：纪念版

[美]曼纽尔 · J .史密斯 著 欧阳瑾 陈兰 译

责任编辑 姚 丽
特约编辑 周晓晗
责任印制 刘 巍
出版发行 江苏凤凰文艺出版社
南京市中央路165号，邮编：210009
网 址 http:// www.jswenyi.com
印 刷 天津联城印刷有限公司
开 本 710毫米×1000毫米 1/16
印 张 20.75
字 数 270千字
版 次 2018年9月第1版
印 次 2025年4月第7次印刷
书 号 ISBN 978-7-5594-1982-8
定 价 52.00元

江苏凤凰文艺版图书凡印刷、装订错误，可向出版社调换，联系电话025- 83280257

谨以此书

献给我真正关注的人类

这一世间生灵

——曼纽尔·J.史密斯

强势十大法则

一、你有权坚持自己的行为、想法和情感，
并对产生的一切后果负责。

二、坚持你要做的，不必解释。

三、帮不到别人，也不用内疚。

四、你有权改变想法。

五、犯错不可怕，但要承担后果。

六、你有权说“我不知道”。

七、要与人交往，但不要刻意讨好。

八、你有权做出“不合逻辑”的决定。

九、你有权说“我不明白”。

十、你有权说“我不在乎”。

强势语言技巧表

“我是一张坏唱片”法

这种方法，是通过语气平静的重复方式，一而再再而三地说出你心中的想法,来教会你坚持不懈。让你无须预先演练怎样跟人争辩或怎样控制愤怒,就可以“愉快”地应对他人。

练习后的临床效果：让你能心安理得地不理会他人带有操控性的话语圈套、有理有据的诱饵以及无关的诡辩，同时坚持你的观点。

可行折中法

在运用自主语言技能的过程中,无论何时,只要觉得不会损及你的自尊,那么向对方提出可行的折中办法,都是合理的。你可以一直跟他人讨价还价,以达成自己的物质目标，除非提出的折中方案危及了你本人的自尊。然而,要是最终目标涉及你的自尊，那么就不可能达成任何折中办法。

自由信息法

这种方法，可以教会你辨认社交伙伴在日常交谈中透露出的一些简单线索，这些线索表明此人对什么感兴趣、很看重什么。

练习后的临床效果：让你在跟他人交谈时不那么羞涩，同时还能鼓励你的社交伙伴，让他们更自在地谈论自己。

自我表露法

这种方法，可以教会你接受和发起讨论，不管这种讨论针对的是你的性格、行为、生活方式或智慧等方面的优点还是缺点，都会改善你们之间的社交沟通，并减少操控行为。

练习后的临床效果：让你可以心情舒畅地透露你自身和生活相关的情况，这些情况在以前会让你产生无知、焦虑或内疚感。

迷惑法

这种方法，是通过平心静气地向批评者承认他所说的话可能有道理的方式，教会你接受他人带有操控性的批评，但同时也让你保持评判自己行为的权利。

练习后的临床效果：让你能心安理得地接受他人批评，而不会变得焦虑不安或戒心重重，同时也让那些利用这种操控性批评的人捞不着什么好处。

否定决断法

这种方法，是通过坚定而感同身受地赞同他人针对你所提出的批评，无论这种批评恶意还是有益，从而教会你承认自己的过错和失误（无须道歉）。

练习后的临床效果：让你能心安理得地看待自己行为或性格方面的缺点，而不会产生自卫心理和焦虑感，同时减少批评者的怒气或敌意。

否定询问法

这种方法，可以教会你主动鼓励他人对你提出批评，以便利用这些批评意见（要是有用的话），或彻底消除这些意见（要是带有操控性的话），同时能够鼓励批评者变得更强势，使批评者少用操控伎俩。

练习后的临床效果：让你在亲密关系中，能更加自在地寻求他人对你的批评意见，同时促使对方表达出真实的负面情感，从而改善你们之间的沟通和交流。

前 言

强势法则及其语言技巧——专业说法是“系统性自主疗法”（the theory and verbal skills of systematic assertive therapy）——这一理论，是我和朋友、同事长期实践的产物。这个想法源于1969年，我担任和平队[a]培训发展中心的现场评估官之时。在那年的经历之后，我想开发出一种能让人们学会自主应对矛盾的系统性方法。在此之前，我失望地发现，临床心理学家所使用的传统方法——它们被别出心裁地称作“整体疗法”——作用极为有限。危机干预、个体咨询或心理治疗，以及包括感受训练和会心小组[b]的群体性方法，对于心理状态相对正常的人来说，在应对日常人际问题上几乎没什么作用，但这些人际问题，大多数和平队的受训人员在各自的国家都曾碰到过。

经过了12周的强化训练后，我们安排了一群哲学博士、心理学家、语言教师以及志愿者蹲在尘土飞扬的地上，假装成拉美地区的农民，同时让受训人员向这些假农民介绍某种便携式农药喷雾器。后来的结果表明，我们没能帮到这些满怀热情的年轻受训男女。当受训人员开始进行现场演示时，假农民们显得对农药喷雾器毫无兴趣，相反，对这群来到田间地头的受训人员，他们却饶有兴致。尽管受训人员可以回答农艺、病虫害控制、灌溉或施肥相关的问题，但对于农民首先问到的各种问题——“是谁派你们到这里来卖机器的？”“你们为什么大老远从美国跑来告诉我们这

---

a　和平队：Peace Corps。1961年3月由美国总统肯尼迪下令成立，任务是前往发展中国家执行美国的“援助计划”。

b　会心小组：Growth-encounter group。这是美国一种现代精神病学集体疗法。具体方法是在特定时间通过心理治疗的团体活动来促进个人成长，但这种成长更多是从人际关系的角度出发和评价的。又译作“交朋友”心理治疗小组、感受交流小组或邂逅小组等。

个？”“你们想从中得到什么？”“你们为什么首先来我们村？”“为什么我们就得种出更好的庄稼呢？”……却没有一个受训人员能够令人信服地回答。当受训人员气恼地试图谈论农药喷雾器时，假农民却仍不停地询问他们来访的原因。

我记得，没有一名受训人员能强势地回答：“鬼才知道……谁能回答出所有的问题啊？我可不行。我只知道，我就是想来和你们结识结识，让你们看看这台机器可以种出更多的粮食。”他们发现自己面对质问——说他们动机不纯——而无可辩解时，缺乏强势、有效的言语应答。这次尴尬的经历，给大多数受训人员都留下了无法忘怀的记忆。

虽然教给他们的语言、文化和专业技能已经足够，但我们压根儿就没有教会他们，如何强势地去应对他人的审视，这种带有批评性的个人审视，针对的是他们的动机、需求、弱点，甚至是长处。我们没有教会他们如何应对这种情况：受训人员想谈论农艺，而那些假农民却像真农民那样，想谈论受训人员。我们没能教会的原因，在于那时我们并不知道要教什么。我们并未教会受训人员怎样去坚持自身权利，同时无须给出理由，表明自己做的事是正当的。我们没有教会受训人员简单地回应“因为我想要……”，并把其余的问题，留给受训人员打算帮助的那些人。

在结束前的几周，我尝试过各种训练方法，将它们用在许多接受能力强的受训人员身上。可是，随着最后一周越来越近，回避我的受训人员也越来越多。那时，虽然我心中掠过的所有想法都没有结果，也看不到一丝成功的希望，但我的确观察到了一个重要的现象：在面对他人带有批评性的个人审视时，那些应对差的受训人员无法承认失败——他们觉得，自己必须完美无瑕。

1969年到1970年，我担任加州贝佛利山行为治疗中心和塞普尔维达退伍军人管理局医院的临床医生，那时又再一次观察到了相同的现象。在对一些患者（病症从标准或轻微恐惧症到严重的神经官能紊乱症甚至精神分裂症）进行治疗时我发现，许多人应对问题所表现出的缺陷，与那些年轻的受训人员没有两样，只是程度严重得多。

有名患者尤其如此。他非常明显地拒谈与自己有关的任何情况，以至于在4个月的传统心理治疗过程中，他总共只说了几十句话。由于他不说话、不交流，并且在与他人相处时表现出明显的焦虑症状，所以他被诊断为患有严重的焦虑性神经官能症。直觉告诉我，他只是和平队受训队员综合征的一个极端病例。于是我开始改变疗法，不再“谈论”他自己，转而谈论生活中最让他困扰的人。几周中，我得知他对继父既害怕，又充满敌意，他的继父对待他只有两种方式——要么挑剔指责，要么就是以恩人自居。不幸的是，这位年轻的患者除了承受，并不知道还有其他什么方式可与继父相处。结果，只要继父这位权威人物在场，患者就只能一声不吭。他的这种非自愿的沉默，源于他害怕被继父指责，也源于他知道无法自保的心理，这种沉默逐渐泛化，便成了那些最不自信的人所采取的应对方法。

当我问这个担惊受怕的年轻人，他有没有兴趣学习如何应付继父时，他便开始像一个正常人对另一个正常人那样，跟我交谈了。我们用实验方法对他进行治疗，让他对来自继父、家人以及其他人的责难不再敏感。两个月后，这位“哑巴神经官能症”患者，带着一帮其他的年轻患者外出豪饮了一场，回到病房后，又平和、愉快地狂欢了一夜，之后便出院了。据最新报告表明，他已经上了大学，并且不管继父如何反对，他都想穿什么就穿什么，想做什么就做什么。

这次成功而颇具新意的治疗后，退伍军人管理局医院的首席心理学家马特博士鼓励我，要我将这些治疗法运用到其他类似患者身上，并针对非自我肯定的人开发出一套系统的治疗方案。在1970年春夏之间，本书中所描述的自主治疗技巧都接受了临床评估，评估由主任医师、我的同事泽夫·瓦德纳博士负责，在塞普尔维达退伍军人管理局医院和行为治疗中心两处进行。

自那以后，我、我的学生和同事都发展并运用了强势法则，教那些不够自我肯定的人，如何在各种不同环境下快速、强势地应对他人，取得主导权。我们还在各地讲授这些自主训练技巧，并在许多专业会议上做报告。

对于那些接受治疗并从中受益的人，无论是有语言交流障碍的普通人（正如那些和平队受训队员一样），还是神经官能症患者（就像那名“哑巴”患者一样），我觉得都不重要。本书中所描述的理论和技巧，都是根据我本人和同事的临床经历总结而成。我的目标是通过本书的写作，对“强势”这一理论及其实践进行总结，以帮助尽可能多的人更好地理解这一点：在面对日常生活里的各种人和各种情况时，当我们感到被动，感到不好意思或者不知所措，那么我们应该怎样来应对。

曼纽尔·J.史密斯
于洛杉矶威斯特伍德村

目 录

PART 1 你为什么要强势？

无论你做什么，别人都会给你带来一个又一个的问题、矛盾和困扰。很多人都会不切实际地认为，与问题共存，是不健康的。但事实并非如此！生活总会给人带来问题，这才符合自然规律。真正的问题在于，人们总是无能应对问题。在很多时候，你不够强势！

PART 2 训练你的强势力

虽然你明白必须强势，可一旦遇到事，你又会觉得“我做不到”“我不能那么干”，或者相反的，你会发怒、咄咄逼人、大喊大叫——这些都不是强势。强势最重要的心理素质，就是坚持、执着，就是一而再再而三地说出你真正的意愿。强势的语言技巧，是需要训练的，而日常生活，就是你最好的战场。

PART 3 如何在日常生活中运用强势

要想真正在日常生活中熟练、自如地运用强势技能，大量的练习是必不可少的，好在，实战练习的机会随处可见：生活中存在无数与人交往的场景，无论是与陌生人，还是与亲人、朋友，甚至在夫妻间、情侣间，都可能产生矛盾与困扰。把握强势的核心法则，活用上面谈到的多种语言技巧，你一定能取得主导权，实现自己的真正意愿。

PART 1

你为什么要强势？

无论你做什么，别人都会给你带来一个又一个的问题、矛盾和困扰。很多人都会不切实际地认为，与问题共存，是不健康的。但事实并非如此！生活总会给人带来问题，这才符合自然规律。真正的问题在于，人们总是无能应对问题。在很多时候，你不够强势！

Chapter 1

强势：面对矛盾与困扰时，最好的应对之道

大约20年前，我刚从部队退役回来上大学，遇到了一位正直、精力充沛的人，他就是乔。那时，乔还是年轻的教授，而我则是他的学生。他一直教授心理学。他的讲课方式强硬、武断又坦率。他根本不让学生对心理学这一学科留有任何幼稚的观念。他不会迎合学生的期望，来对病态而有趣的精神失常进行阐释，甚至也不会解释人类心灵、行为或积极精神等方面的普通常态。他并不强调那些说明为何我们会按某种方式行事的复杂理论，而是强调简单性。对他来说，利用简单的假设，描述出事物在心理学上的运作原理、描述出它们的确有效，就已足够，然后他会要求我们就此打住，不再深究。他有着一种坚定的、学究式的观点，那就是：95%被人们迎合为科学心理学理论的东西，纯属垃圾，而要真正了解基本的心理机制，彻底解释大多数人类的行为，仍然任重而道远。

现在看来，乔这一观点仍跟20年前一样具有说服力……而我也非常认同！诚然，冗长、专业或深奥的解释常常引人入胜，甚至颇具文学色彩，但这往往毫无必要，还会将问题复杂化，并不方便人们理解。倘若想要运

用心理学实实在在的原理，那么，了解“是什么原理有效”要比了解“原理为何有效”更重要。

比方说，在治疗病人的过程中，我发现，将注意力过多地集中在“病人为什么患病”这一点上，通常是徒劳的，这往往只是学术自慰，可能数年后也得不到什么结果，甚至有可能贻害无穷。关注病人“如何应对其行为问题”要有益得多。

乔甚至彻底根除了我们心中对于心理学家的固有观念，即认为心理学家是新兴的、对于人类行为无所不晓的权威。他曾在课堂上发牢骚说：“我可不喜欢学生提我回答不了的问题。”你不难猜到，乔在课堂之外的性格是怎样的。尽管他是人类行为学的专家，但他也有着与普通人一样多的问题，我也会给他带来一些问题，使他每学期给学生评分之后，都会在我面前饶有兴致地抱怨：“学生总是埋怨个人问题太多，没法好好学习。难道他们不会处理问题？要是你没有碰到问题，那说明你根本没生活过。”

在那几年中，我逐渐熟知了乔，并把他看作密友和人类行为学的专家、同行，我最终发现，他和别人打交道时，有着跟我相同的问题，而问题的严重程度也大致相当。后来，随着我在心理学和精神病学领域里认识的人类行为学专家越来越多，我又发现，他们也有着各自需要应对的问题。“医生”这一身份，并未让我们免于遇到问题，这些相同的问题，我们在亲戚、邻居、朋友甚至病人身上（无论从事何种职业、受过何种教育）都曾看过。跟乔一样，跟其他心理学家或非心理学家一样，所有的人在与他人打交道时，都存在问题。

只要与人打交道，就一定会存在矛盾

当我们的丈夫、妻子、恋人因为某件事情不高兴，他们都有那种甚至不用提到这事儿，就能让你感到内疚的本领。摆脸色、关门声音大一点、声称 1 小时不说话或是冷冷地要求换个电视频道，都能达到目的。有一次乔跟我诉苦："天哪，要是我明白他们怎么能那样做，或我为什么那样回答的话就好了。可不知怎么，我最后总是感到内疚，哪怕根本就没有内疚的理由！"

并非只是配偶才会给我们带来问题。假如父母或岳父母想要什么东西，他们就有那种本领，让成年子女感觉像焦虑的小孩一样，哪怕子女已经有了自己的孩子。你我都清楚得很，电话那头母亲的沉默不语，或岳父母脸上的不悦之色，或父母的提示，会给你带来什么样的直觉反应，比如说"最近你一定很忙吧，我们老是见不到你"，或说"我们附近有一套不错的公寓出租。要不明晚你过来，咱们一起去看看吧"，都是如此。

在与家人之外的其他人交往时，我们也面临问题。比如，如果机修工将你的汽车修得不好，经理就会滔滔不绝地跟你解释，为什么在你支付 56 美元的修理费用后，汽车散热器仍然过热。尽管他有本事让你觉得你对汽车一无所知，并且让你因为没有爱惜好汽车而感到不爽，但你仍会烦恼不安：我付了钱，就是为了解决问题呀！

即便是朋友也会带来问题。假如一个朋友建议晚上出去搞点娱乐活动，而你对此却不感兴趣，你下意识的反应就是找托词。你得撒谎，这样才能不伤感情，可与此同时，你会为自己这样做而内疚，觉得就像是做了什么见不得人的事。

无论你我做什么，别人都会给我们带来一个又一个的问题。我们中的许多人，都存在那种不切实际的观念，认为日复一日地与问题共存，是一种既不健康又不自然的生活方式。可事实并非如此。生活会给每个人都带来问题，这才是完全符合自然规律的。更常见的是，由于存在"健康人没有问题"这种不实际的观念，你可能会觉得，所有人都深陷其中的这种生活方式，过起来毫无意义。在心理辅导课上，我深入了解的大多数人，都形成了这种消极的观念。然而，这并不是“有问题”所导致的结果，而是“觉得无能应对问题、无能应对带来这些问题的人”所导致的结果。

尽管应对不佳时，我自己也会有同感，但作为心理学家，我的总体经验使我并不赞同这样的观念——认为人类是一种基因退化的物种，只适于生存在万事万物较为简单的早期社会。这简直是胡说八道！我并不认同下述说法：我们是失败者，在这个工业化、城市化、空间净化的时代，无法幸福地生活下去，无法充分应对面临的问题。相反，我的观点截然不同，更为乐观，这种观点源自我的亲身经历，源自我的专业阅读，源自我所学的知识以及自己的教学阅历，源自我的实验室研究和临床研究，源自我培训人们应对生活问题的过程，源自我深入社区并且收治成百上千位病人的事实（这种收治会违背他们的意愿，原因只是他们不知道如何与他人打交道），还源自我对那些病情从最轻微到最离奇、最危险的精神疾病患者所进行的临床治疗。恰当地将这些经历，跟我对一生中所碰到的其他成千上万人的自然观察所得结合起来，就产生了一个更合理、更现实的结论：我们在生活中都会碰到问题，这是正常的，我们都拥有充分应对这些问题的能力，这也是正常的。

祖先留下三种解决矛盾的能力：争斗、逃避、用语言解决问题

若是我们没有与生俱来可以应对问题的本领，人类早就灭绝了。与一些悲观主义先知告诉我们的正相反，迄今为止，人类是自然进化版图上最成功、最具适应性、最聪明和最坚强的生物。假如相信人类学家、动物学家以及其他科学家呈现的证据和普遍结论，我们就会明白，远古以来，人

类和动物的始祖家族，就在大自然的生态力量设定的苛刻条件下，为了生存竞争着。我们的祖先不但在激烈的环境中生存下来，而且日渐繁荣兴旺。我们生存下来了，并且取得了胜利，而其他物种则要么灭绝，要么濒于灭绝。这是因为，人类在生理和心理上都更适合在任何环境生存。

我们的始祖并不是没有碰到问题，而恰恰是因为存在问题才得以生存。虽然很多动物都进化出了这种本领，可以在艰难时期和严酷环境中成功地解决问题，但我们却脱颖而出，逐渐进化成了人类。有了这种本领，我们不但征服了地球和环境，而且还开始为了后代的生存而保护地球，保护地球上的其他物种。所以，从解决问题这种杰出本领的角度来看，世间再也找不出与人类匹敌的其他生命形式了。

那么，使人类成功生存下来的应对本领都有哪些呢？你、我与那些濒危物种之间，有什么样的共同点，又是什么让我们成为独一无二的人类呢？假如观察那些类人物种，尤其是脊椎动物主要的应对行为，我们常常会看到，一旦同种的两只动物间发生冲突，那么这两只动物中，至少有一只会表现出争斗反应或逃跑反应。对动物来说，争斗或逃跑，都是相当有效的应对办法。这两种应对类型，好像都是下意识、先天性的反应。作为人类，你我也会相互争斗或逃避，有时这并非是我们的选择，是自动的，偶尔还会在公开场合发生，但更常见的还是彼此掩饰的方式。不论是争斗还是逃避，都是人类始祖进化而来的结果，从目前的人类形态来看，我们没有尖牙，没有利爪，也没有专门的肌肉做争斗或逃跑的后盾，所以在应对时，我们无法首选这两种方式。你我甚至无法体面地发出一声吼叫，来吓走抢劫的人。而我呢，尽管相信自己在紧要关头的逃跑能力，却也并不想常这样做。

虽然拥有与低等动物（如今，它们只在人类的容忍下才能生存了）相同的争斗和逃跑反应，但让人类区别于其他物种的最重要的一点是，我们拥有一个了不起的、新型的、具有语言能力并能解决问题的大脑。人们认为，约100万年以前，进化和生存竞争淘汰了我们的一些始祖近亲，因为它们没能在原始的争斗或逃跑反应这种组合策略之中，增添更有效的应对手段。与此同时，进化也在基因上强化了人类每一代先祖的语言能力，强化了他们解决问题的本领，使他们生存下来，并繁衍后代。这种新型的、能够解决问题的大脑，使人类在产生矛盾的时候，还能相互交流和合作。这种言语交际和解决问题的能力，正是人类区别于其他物种、并能生存下来的关键。其他物种要么已经灭绝，要么正面临灭绝，或情况更糟——已经被人类驯化了。

多亏了那些成功生存下来的祖先，人类才拥有了三种主要的生存性应对行为，即争斗、逃跑和用语言解决问题的能力。争斗和逃离危险，是我们从尚未进化成为人类的始祖那里遗传的两种应对反应。而用言语上的强势来解决问题，却是我们在进化过程中，从早期的人类祖先那里遗传来的本领。简而言之，虽然你拥有争斗或逃跑这两种天生的生存本领，但要解决问题，你并不是非得采取这两种方法。相反，你拥有一种人性化的选择，可以与他人交谈，并通过交谈来处理那些令你烦恼的问题。

现代社会，比争斗与逃避更好的，是语言上的强势

在这个现代化的文明世界，当你我试图运用攻击或逃避性行为来应对矛盾时，通常都不会明目张胆地干。用行为公开发泄情绪，几乎没有回报可言。在孩童时代，大人就教孩子不要打架，他们还教导说，应当勇敢，不能在众目睽睽之下逃跑。西方社会里大多数中产阶级家庭的孩子，都被这样教导过。因此，我们都习惯于被动地应对矛盾。“不要还手”，“站在那儿，忍着”，这都是被动、消极的方式。即便有人气得我们七窍生烟，我们也很少当众表露。相反，我们会默默地咬牙切齿，毫无意义地发誓说日后

要报复。这正是我的一位病人表现出来的典型方式。

这位病人叫黛安，是一名 29 岁的打字员。黛安试图用自己消极的敌视态度，来应对老板提出的令她反感的要求。她既没有跟老板谈过她的反感，也没有用行动发泄出怒气（比如跳起来对老板大喊“见鬼去吧”），而是在老板要求她干的一些事情上故意拖拖拉拉。上班时，只要轮到她去给大家冲咖啡，她总会干砸点什么——不是把咖啡洒了，就是冲得太淡或太浓——总之，就是跟其他进行消极抗议的人一样，表现得相当糟糕。假如遇到突发性的急活儿要加班，她打字时就会错误百出，故意用两倍的时间才干完工作。尽管老板说不出她有什么对抗行为，但她仍在尽可能地坏老板的事儿。可想而知，黛安的这种消极态度给自己带来的麻烦，肯定要多过给她老板带来的麻烦。

倘若你我也像黛安那样，那么，我们就会一直被安排去清理咖啡污渍，去重新冲泡咖啡，或磨磨蹭蹭地更晚下班！更糟糕的是，如果你消极敌视，老板可能会一而再再而三地要求你去干同一件事，这样一来，你每天的心情都会很沮丧。消极敌视不会有什么用处，也无法实现自己的愿望。

跟许多人一样，黛安也用消极逃避的方法，来应对其他问题。假如有人给她带来问题，她就会尽可能回避此人。黛安前来接受治疗，是因为婚姻面临破裂：夫妻分居的时候，她几乎每天都能看到丈夫，因为他俩在同一栋办公楼上班。可上班时偶然碰面，丈夫总会很冷漠。其实他的这种态度是可以理解的，因为他将婚姻问题的大部分责任都归咎于她。黛安很难应对他的冷漠，尤其是在公开场合。她说自己还喜欢鲍勃，看到他那样对她，她都想哭。在鲍勃冷面相对时，黛安不知道该怎么办。于是，她便费尽心思地躲着他，试图以此来应对。当鲍勃打电话给她，想讨论一下如何处置两人的共同财产时，她好几周都没接电话。黛安把这种逃避行为简直发挥到了极致，以至于只要办公桌上的电话铃一响，哪怕不知道是谁打来的，她也会走开不接。就算是待在自己的公寓里，她也很不安，害怕鲍勃会打电话过来。黛安把这个问题跟我说了之后，我们便制定了一套培训课程，来教她不再像以前那样消极逃避，而是强势地去应对鲍勃。经过练习，黛安能够给鲍勃打电话，商量财产分配的问题了，更重要的是，最后她终于能够约鲍勃一起午餐，讨论在他们偶然相遇时她所不喜欢的一些事情了。

但是，倘若黛安继续消极逃避下去，那么这种方法就会失效，因为它并非有效的应对办法，就跟她应对老板时采取的消极敌视方法一样。最终，她要么仍然得面对财产处置问题，要么就只能真正逃避鲍勃以及整个离婚的过程。在后来的治疗中，黛安发现，自己婚姻中出现的许多问题，都跟她消极逃避的处理方式有关。正如黛安历经了痛苦才走对路子一样，倘若你我在与他人产生矛盾时，不断消极逃避，那么，他人很可能就会逐渐厌烦，并不再对你抱有希望，进而与你断绝关系。

如果只采取敌视或逃避的方式来与他人打交道，我们自己也会难受。因为一些令人不快的情绪（比如生气或害怕），也会随着这两种行为模式而来。如果消极应对，我们往往还会在与他人的斗争中一败涂地——人生当中，还真有这样的斗争，胜则生，败则死。于是，我们便会沮丧不安，最终抑郁消沉。愤怒、恐惧和沮丧这 3 种情感，是人类最根本的、遗传得来的生存性情绪组合，也是导致病人寻求专业心理治疗的常见情绪指征。

我在诊疗过程中见到的病人，经常会因为自己的喜好而对他人发火或敌视他人，有的因为害怕而对别人退避三舍，有的则厌倦了失败，终日郁郁寡欢。临床医师所看的大多数病人，都属于是过度依赖形形色色的、甚至很怪异的争斗或逃跑反应，才来寻求帮助的。不过，感到愤怒、恐惧或沮丧，决定来寻求心理帮助，也不意味着你的心理就是病态的。你我之所以都会愤怒、恐惧或沮丧，是因为人类的生理构造和心理机制生而如此，正因为人体的神经组织、肌肉、血液和骨骼具有独特的组合，以及由此而产生的行为，才让人类的祖先在严酷的环境下生存下来。

消极情绪对于生存的意义，正如肌体的疼痛对于生存的意义一样重要。碰到滚烫的东西时，你的手会不由自主地缩回来。神经系统生来如此，你会下意识产生反应，并不需要思考。当你感受到不悦情绪时，实际上你感受到的是一些生理和化学变化，它们是按照大脑中原始的“兽性”部分所发的指令产生的，目的是让整个身体为产生某种行为反应做好准备。愤怒时你会感到，身体准备发起攻击。我们不但能感到这种攻击准备，还可以从他人的行为中看到这种准备的结果。

比方说，在重大的橄榄球比赛中，本该大胜的冠军队却失利了，仅仅因为弱队教练在更衣室里狠狠辱骂了队员，就使队员们爆发出了大大超过了冠军队的体力。就体格上的自我保护能力来说，我们并不是大自然的宠儿。即便如此，倘若我们发怒，在没有机会逃走或通过交流脱离险境的情况下，我们仍然可以通过攻击性的自卫手段得以生存。

另一方面，当你觉得害怕，你感受到的是一种生理变化，它由大脑所发的指令而产生，下意识地让身体为逃离危险做好准备。假设在一条灯光幽暗的巷子里，有一名劫匪手握弹簧刀向你逼近，那么，此时你通过自己的呼吸、内心和四肢所感受到的那种惊慌失措，并非是怯懦，而是一种自然的兴奋感，它是被大脑中枢无意识地激发出来的，从而让身体做好准备，逃离险境。

尽管拥有属于人类的第 3 种应对之策，即用语言解决问题的能力，但有时不论怎样做，我们还是会愤怒、紧张或恐惧。当一名冒冒失失的司机，在高速路上以每小时 70 公里的车速抢我的道时，不管我保持强势也好，不让双手发抖也好，都无济于事，如此接近灾难，我肯定会浑身发抖，因为我根本没法阻止灾难发生；当发现我的新车挡泥板上莫名其妙出现一道凹痕时，我对那个划车的人即使保持强势也毫无用处，无论怎样安慰自己，我都会气得暴跳如雷；

倘若妻子哭丧着脸回家，踹了我一脚来发泄怒气的话，我们也免不了会大干一架。发生这些事情的时候，人类那种天生的心理生理学机制让我们别无选择。不过，倘若能够强势地与他人打交道，才有机会去实现你的一部分心愿，那么你就不太可能失控、发火或惧怕了。反之，倘若因为某件无法改变的事情而受挫，或没法运用那种天生的语言能力来处理某件本可改变的事情，那么我们就很有可能沮丧。

在当下，沮丧感对生存没有多大意义，但是，假如看一看你我在沮丧时的典型行为，就可以清楚地看出它对于我们祖先的意义了。沮丧时，我们几乎什么行为也没有。除了维持一些基本的生理功能外，我们很少行动，甚至什么也不干。我们通常不会做爱，不会饶有兴致地去看电影、学习新东西、做家务、拼命工作……感到轻微沮丧或伤感时，我们通常会怀念一些旧事物，而在特别沮丧时，我们会极为泄气、失意。沮丧时你所感受到的，是大脑中的原始区域所发出的信息而产生的反应，这种反应的目的，是让维持日常活动所需的大部分生理机能缓慢下来。

对于我们的祖先来说，当他们不得不长期忍受严酷的环境时，沮丧就成了一种有益的心理状态。在生活艰难之际，他们只能退而求其次，节衣缩食。情绪低落、无所事事的祖先，更有可能保存下财力和精力。这样，他们就增加了生存的概率，以待好日子到来。我们可以在下面这种情形中，看到自己身上这种原始情绪的残余迹象：比如，在冬季一个寒冷而阴郁的星期六，除了吃零食、打盹和在家里拖地之外，我们别的什么也不想干。你我经常体味到的那种常见的沮丧情绪，可以持续几个小时到几天。我们会感到痛苦，但随着时光流逝，在经历积极的事情后，沮丧感便会渐渐消失。

如今，在我们生活的这个相对富裕的社会里，沮丧和隐居对于生存并没什么明显的益处。对于大多数人来说，现在的物质生存条件并不严酷，因此沮丧这种生理上的“冬眠”机制，对我们来说却毫无用处。如今，我们的挫折感并非来自环境，而是来自他人的行为。我和其他临床医师治疗过的那些长期抑郁症患者，都曾有过不断受挫的经历。

治疗暂时性抑郁患者或长期抑郁症患者的临床经验表明，帮助抑郁症患者重新站起来，重新获得积极的人生体验，要比袖手旁观、坐等抑郁症消失更有益。33岁的唐是一名离了婚的会计，患有复发性长期抑郁症。唐由父母抚养长大，对于他想干的事情，父亲总是百般阻挠。在他小时候，唐与父母相处的典型方式就是，他在家里干完家务，很少得到父母的感谢和表扬，可他有什么事情做得不好，就会受到严厉的惩罚，这会让他深感内疚。比如，当唐想要自己的第一辆自行车时，父母给了他各种理由，说年纪小骑车很危险、自行车很贵，父母还提醒说，假如给他一辆自行车，粗心的他是保管不好的。于是，他从来就没有得到过一辆自行车。当他想学开车的时候，父母又说，青少年开车开得不好，他得再等等。所以，他是在离开家上了大学后，才学会开车的。

后来，唐跟一个女人结了婚。据他说，这个女人跟他的母亲很相似。妻子从不表扬他，总能找出由头来埋怨、唠叨。后来，唐跟妻子离了婚。分手不久，唐便患上间歇性抑郁症，而且发作时间越来越长。在治疗期间，医生们对唐采取了抗抑郁的“情绪激励”药物疗法，但几个月过去，效果甚微。对唐来说，首选疗法应当是终止药物治疗，因为药物治疗非但无效，反而带来副作用，让他变得紧张易怒。因此我没有再用药物疗法，而是让唐在不抑郁的时候，把喜欢干的事情记下来，列成一张表。另外，不管有多抑郁，在所列的活动中，工作上的事情每周至少要占到两项才行，如果有必要，他必须强迫自己去干这些事。还有，在工作或社会交往过程中，无论什么时候觉得自己某件事情做得不好，他也不能重复过去那种逃避现实的习惯，不能重现抑郁情绪、离群独处或径直回家。就算他的即时情绪是不想做，也应当完成手头的工作，将所参与的活动继续下去。采用这一有效的治疗方案后，唐患了 5 个月的慢性抑郁症，在 4 周后就根除了。

尽管“愤怒—敌视”“恐惧—逃避”和“沮丧—退缩”这些神经生理学应对机制本身并不是病，但它们也没有多大用处。我们的大多数矛盾和问题，都源自他人，而在与他人打交道的过程中，原生反应相对于我们那种独特的、用语言上的强势解决问题的能力来说，是微不足道的，“愤怒—争斗”和“恐惧—逃避”这两种机制，有时还会妨碍你的语言应对能力。

感到愤怒或惧怕时，你那原始、低级的大脑中枢部分，就会关闭你那新型、具有人性的大脑的许多功能。此时，全身的供血系统就会下意识地变更、分配，使血液从大脑、内脏涌向骨骼肌，从而让骨骼肌准备好采取身体行动。你那属于人类的、能够解决问题的大脑部分受到了抑制，无法参与信息处理。在感到愤怒或惧怕时，你绝对是没法清醒地考虑问题的，所以你会犯错。对于一个怒火中烧或胆战心惊的人来说，2 加 2 并不等于 4。

我们大多数人，都只有在受到挫折、变得恼怒的时候，才会对他人用言语坚持自己的权利或意见。可怒气只会让你处理问题不那么有效。在你怒气冲冲时，他人往往会将你的不平归结为：“他不过是发发脾气罢了。等他平静下来就没事儿了。”所以，这两种原生的应对反应通常会给我们带来更多的问题。

当别人给我们带来问题时，为什么还会有人愤怒、惧怕，进而敌视和逃避呢？假如那种人性化的、用语言解决问题的能力，对于我们的生存真的非常重要，那为什么还有人运用不好呢？本章引言，目的就是要给这个困惑的问题提供答案。这个答案有助于我们理解，我们生来就有这种强势的能力，可在人生路上却常常将它丢弃。

强势与生俱来，但你在成长中渐渐丢失了它

婴儿时期的我们，天生就是强势的。你出生后的第一个自主动作，就是抗议你所受到的待遇！有什么不喜欢的事情，你马上就会表达出来，而且你还很固执。你又闹又吵，想让别人知道你不高兴，直到他们采取措施你才罢手。一旦你会爬了，无论什么时候，只要你想，你就会坚持不懈、强势地去干想干的事情。若是你对东西好奇，你就会进进出出、爬上爬下地查看。除非婴儿有生理缺陷或正在睡觉，否则他们总是不让周围的人安生。正因如此，人们才发明了婴儿床、围栏、围脖这些东西和保姆这种职业，好让父母不用总是追着宝宝到处跑，可以自由地去干点儿别的事。

这些设施可以控制婴儿的自主行为。不过婴儿很快就会长大，变成小孩，变得会走会说，也能理解父母的话。此时，再从身体上限制你的行为就不合适了，于是，父母对你的控制便从生理控制变成了心理操控。一旦学会说话，你最强势地脱口而出的一个词，就是有力的“不（要）”。有时你甚至会为了说“不（要）”，而放弃自己喜欢的事情。虽然这种固执会让妈妈生气，但这不过是你那天生的强势在语言领域的一种延伸罢了。在你学习和探究魅力无穷的语言技能的同时，为了从心理上来控制你的行为，父母就会开始训练你感受焦虑、无知和内疚感。

这些感受，是由恐惧这种基本的生存性情绪变化而来。一旦习得焦虑、无知或内疚感，我们就会不遗余力地去避免经历这些感受。父母之所以训练我们感受这些消极情绪，有两个重要的原因。其一，利用消极情绪，能够有效地控制我们幼稚的强势感，这种强势感虽说自然，却令人不快，有时甚至会招来敌意。其二，父母采用这种心理控制的方法，是从祖父母那里继承下来的。

父母是用一种简单的方式来完成这种情感训练的。他们把观念和信条

灌输给我们，教导我们如何看待自己。你可以设身处地地站在小孩（也许是你的孩子，或小时候的你）的角度，来看一看他所经历的训练。父母双方都会进行这种训练，但由于妈妈跟你相处的时间要远远超过爸爸，所以她不得不承担起大部分的“卑鄙勾当”。当你整理好房间、收拾好玩具后，妈妈通常会说：“真是乖孩子。”假如她不喜欢你做的事，她就说：“只有不听话的孩子，才不整理房间！”你很快就会明白，“不听话”这个词，无论它是什么意思，都是属于你的。每当说起这个词，妈妈的话音和语气就会告诉你，某种令你提心吊胆和不舒服的事，就要降临到你的身上。

她还会用“坏、糟糕、难看、脏、任性、管不了、淘气、可恶”之类的字眼儿，它们形容的都是同一个对象：你！可你还是一个孩子啊，幼小、无助，什么都不懂。所以，你感受到的只是哑口无言、紧张不安、害怕、内疚。

在训练你把承载着情感的观念（比如“好”和“坏”），跟一些行为联系起来的过程中，妈妈实际上是在否认这一点：她有责任让你按照她的意愿行事（比如说让你整理你的房间）。用“好”“坏”“是”“非”这样别有用意的观念来控制你的行为，就好像在说：“别用那种讨厌的脸色看我。不是我要你整理房间，是上帝要你整理房间！”利用这种说辞，妈妈把按照她的意愿行事而让你感到不快的责任，归咎到了某种外部权威上。我们“应当”服从的所有规则，都是由这种外部权威制定的。

这是一种非自我肯定型的方式。这种操控他人行为的方式，即“真是好孩子”之类的话语，虽然极为有效，但属于一种带有操控性的隐蔽控制，并不是一种诚实的互动关系。在诚实坦率的母子关系中，妈妈会强势地根据自己的威信，告诉你她想要你做什么，并且始终坚持这一点。妈妈可以说“谢谢你。你把房间收拾好了，我很高兴”，或更进一步说“我叫你去收拾房间，这肯定让你很烦，不过我就是想要你收拾”，这样妈妈就是在教导你，她要你做的事都很重要，原因只是她想要你这样做。

这是一种何等幸福的情形啊：能够在爸爸妈妈面前发发牢骚、诉诉苦，并且直抒胸臆，一吐不快，同时明白他们依然爱你。谢天谢地，当父母强势地认为自己就是权威，能决定孩子能做什么、不能做什么时，他们也将强势这一概念教给了孩子：你长大成人后，不但可以做自己想做的，就像爸爸妈妈这样，而且也得去做一些你不喜欢做的，就像爸爸妈妈这样。

遗憾的是，在童年时期，很多大人都会对孩子习得的焦虑、无知和内疚感进行心理操控，并让孩子们做出回应。

比方说，你正在客厅里跟小狗玩耍，而妈妈想在沙发上打个盹，此时她就会说："你为啥总是跟狗狗玩？"然后，你就必须想一个答案，来解释为什么这样。除了你喜欢跟狗狗玩、狗狗很有意思之外，你并不知道什么其他原因。于是你感到无知，因为既然妈妈问了，那就一定有原因。她不会问没有答案的问题，对不对？倘若你老老实实地回答"我不知道"，妈妈就会反驳："为啥你不去姐姐房间，跟她一块玩呢？"由于找不出一个不想跟姐姐玩的"好"理由，你就会再一次受到诱导，产生无知感。就在你窘迫地寻找理由、怯懦地回答时，妈妈又会打断你："你好像根本就不想跟姐姐玩。她可想跟你玩呢。"这时你无比内疚，只好沉默不语，妈妈这时使出撒手锏："要是你根本不想跟姐姐玩，她就会不喜欢你，不想跟你玩。"这时你不但会觉得无知、内疚，还会感到焦虑，想知道姐姐的真实态度。于是你就会起身，带狗狗离开客厅，到姐姐身边去，因为那才是你应该做的——这样，妈妈就听不到玩闹声，可以安心打盹了。

颇具讽刺的是，妈妈转弯抹角地哄骗你，与实事求是地发脾气说"真见鬼，滚出客厅，我想睡一会儿。把那只脏狗狗也带走！"相比，对你那种天生的强势力更加有害。恶言恶语会让你置身于跟他人相处时的残酷现实，有时你所爱的、在意的人会对你不好，这是因为他们也是人。他们可能爱你、关心你，同时也有可能对你大发雷霆。与人相处，绝不会始终都圆满。偶尔发发火，然后用日常之爱加以调和，这样的小插曲，反而能让你从情感上做好准备，以应对人性的矛盾。

当你渐渐长大离开家门，这种针对消极情绪的操控训练就会被强化，并且继续下去。那些已经被这样训练的大龄孩子，会利用情感控制手段让别的孩子按照意愿行事。学校里的老师会接过母亲的接力棒，把操控性的情感控制当作有效手段来保持课堂秩序，让自己少费点儿神。最后，当你被训练得服服帖帖，实质上已经无法强势之后，你就会开始采取消极的敌视、逃避或反操控态度，想多多少少掌控一些自己的行为了。

你自己早期的操控行为，有点像这样的话：“妈妈，为啥姐姐总是在屋里玩，我却得打扫院子呢？”这种话语带有批评的口吻，暗示妈妈偏心。等长到十几岁，你想在约会时晚回家，或自由地做其他事情时，你才能灵巧地运用操控手段。那时你已经变得足够狡猾，可以利用父母的焦虑和负疚感，对他们冷嘲热讽，比如说：“罗恩的爸爸给他买了车，您难道没他那么有钱么？”或说：“珍妮弗的妈妈雇了一个女仆。您为啥不雇一个来收拾屋子呢？”在此期间，你的企图会让妈妈警惕起来，并采取自我保护措施。你的指责暗示出她处事不公，没有坚守她教给你的某些外部规则。

妈妈会采取相同的操控态度，这样回答你：“姐姐帮我干了家务活。她不该再打扫院子，这样才公平。你该帮家里干点事！女孩应该收拾屋子，男孩就该打扫院子。”这样，妈妈再一次安全地隐身于操控手段背后，她不但巧妙地暗示你快要变成懒汉了，而且还表明，并不是她希望你去干活，她不过是遵循规则罢了，这套规则并不是她定的，而你对这些规则还没有完全理解（顺便说一句，日后你也会用到这些规则，但你永远都不会完全理解它们，因为我们每个人都跟妈妈一样，在运用规则时会即兴发挥，加入自己的内容，并且还会带有选择性，时机合适就运用，不合适就随便忽略）。在面对这种令人难以招架的语言时你发现，就算是退回院子打扫，也比从言语上应对妈妈要轻松。妈妈这种带有操控性的情感和行为控制，不但会进一步训练你日后武断地去使用诸如“对”“错”或“公平”的概念，而且她还会用相同的话语，让你习惯于按照含糊不清的“应当”遵循的规则进行思考。

那些抽象的规则太笼统了，人们可以随心所欲地理解它们。这些规则，跟你对于喜欢或嫌恶的事所做出的判断并不相干。它们指出了人们“应当”如何感受，彼此“应当”有何种举止，而不管这些人是什么关系。人们常常教条地理解它们，但这种生活方式其实跟生存或性别毫无关系——为什么打扫院子的就该是男孩而不该是姐姐或妹妹呢？

其实，妈妈有着更好的选择，来强势地应对孩子带有操控性的话语。比如，在回应你指责家务分配不公的时候，她可以强势、设身处地地回答：“我能看出，你觉得让你收拾院子而让姐姐玩很不公平。这肯定让你不舒服，不过，我还是要你现在就去打扫院子。”在应对你来操控她这件令人不快的事情时，妈妈强势的回答，其实是告诉你，即使你做了不喜欢的事，你也有权利认为那样不公平，而她对你并不是漠不关心。尽管在你看来，你那个有序而公平的世界会分崩离析，但事情仍然应当按妈妈的意愿来进行。下次再碰到这种情况，你也不会觉得有什么大不了，因为妈妈很精明，不会被你或姐姐这样微不足道的小家伙“欺骗”。

我在授课中见到的那些母亲，都在应对小孩子时产生过相同的不舒服感。她们烦恼的根源主要有两个。首先，她们对多年来养育孩子的不同方法感到困惑。斯波克[a]跟她们说要这样，格赛尔[b]跟她们说要那样，而帕特

---

a 斯波克：本杰明·斯波克（Benjamin Spock，1903~1998）。美国著名的儿科医生，著有《婴儿及儿童护理》一书。

b 格赛尔：诺德·L.格赛尔（Arnold Lucius Gesell，1880~1961）。美国著名的儿童心理学家和医生，其育儿观点在20世纪40、50年代的西方曾盛极一时，被许多家长奉为育儿“圣经”，对当时的儿童和青少年教育产生过极大的影响。

森[a]说的又是另外一套。其次，所有母亲都错误地认为，她们如果强势地负起责任来，就只有两种选择：在孩子面前，要么是一个专横不讲理的讨厌鬼，要么就是一个溺爱迁就的面瓜。在这两个极端之间，她们找不到一种富有意义的折中办法。所以她们常常退回到老路上，去求助于父母教她们的那种有效的情感操控法，而不是坦率、诚实地承担起威信和责任，说："我要你去……"

承担威信并加以利用，使母亲和孩子都能更好地感受成长的压力，这说起来很简单，但从心理上看并非易事。例如，有一位母亲曾带着一丝敌意问我："你怎么能对孩子食言呢？"与这个问题相伴的情感基调表明，这位母亲跟其他许多母亲一样，都觉得自己必须掌控一切，最起码也必须在女儿面前保持一个超能母亲的假象：比方说，做一个从不食言的母亲。她被这样一种心理所束缚，那就是：自己必须完美，不能犯错，尤其是在他人面前，不能显得木讷、无知。我喜欢这样来形容：她让自己陷入了一个"傻瓜游戏"。虽然竭力在女儿面前保持完美，但她很难一直坚持下去。最终，她一定会食言，要么是因为她办不到，要么是因为她不想办。

倘若能放弃这种心理需求，不再假装完美，她就可以用强势的方式，在食言的同时，把不快感降到最低。她可以说："我知道自己笨，答应了又无法兑现。不过，我们周六还是去不了迪士尼乐园。你没有做错什么，这不是你的错。我们来看看什么时候可以再去，好不好？"用这种强势、自信的否定性话语，她把下述信息传达给女儿：即便是妈妈，偶尔也会干蠢事。而更重要的是，她为女儿树立了榜样，表明了这样一种观念：既然妈妈不一定完美，那么女儿也不用毫无缺点。她向女儿示范出了"不完美"

---

a 帕特森：塞西尔·霍顿·帕特森（Cecil Holden Patterson，1912~2006）。美国著名的教育心理学家和心理咨询师，出版过许多相关专著。

这一人类特质的重要组成部分，并将现实清晰地呈现在女儿眼前：不论是什么原因，妈妈都决定了这次不去，所以她们就不会去。

总而言之，一旦学会说话，能够理解他人所说的话语，你我和绝大多数人就会受到训练，来对他人带有操控性的情感控制做出回应。父母给我们拴上了心理上的木偶提线，从而掌控着我们幼稚的强势之心。这些木偶提线效果显著，让小时候的我们远离了种种现实或想象的危险，也使大人的生活变得轻松。可是，这些情感提线也会带来令人遗憾的负面影响，在我们长大成人，能够自主掌控自己的幸福之后，它们并不会奇迹般地消失。我们仍然会感到焦虑、无知和内疚，他人往往就会有效地利用这些情感，来让我们按照他们的意愿行事，而根本不管我们想要的是什么。

本书会一步步地引导和教会你，减少、消除在日常生活中与他人打交道时的负面感受，让你获得强势的快乐人生。

后续几章我将会一一介绍：

1. 我们因焦虑、无知和内疚感而习得的一些消极观念，以及这些观念是如何让他人利用，从而对我们的生活进行摆布；

2. 作为人类，我们拥有语言能力，可以强势、自信地阻止他人对我们的行为进行操控；

3. 教你掌握很容易学会的一些强势的语言技能，这些语言技能可以让我们与父母、孩子、亲戚、朋友、同事、雇主、维修人员、园丁、售货员、经理……不管是什么人打交道时，行使你内心真正的意愿。

Chapter 2

他人对你的隐形操控无处不在，你必须强势

我们每一个人，都会碰到困惑不解的情形。比如一个朋友请你帮忙，下午 6 点钟替他去接从帕斯卡古拉[a]飞来的姑妈。你最不乐意干的就是这个：在交通高峰，披荆斩棘地来到机场，然后竭力与一个素昧平生的人有一搭没一搭地交谈，还不能让她有那种印象。你希望她根本没来，而是待在密西西比州的家中。你为自己寻找理由："嗯，朋友总归是朋友。我要有这事儿，他也会替我去干的。"但转念一想，不免又烦躁起来："可我从来都没有让他帮我接过人啊。我总是自己去接。他自己为什么不能去接？他老婆也可以呀！"

这种时候，每个人都会想："要是说'不行'，我就会很内疚；可要是说'行'，我又会恨自己。"当你这样想的时候，你的真正意愿正在与童年时代受到的训练发生矛盾，而且你还发现，自己根本就找不到应对的办法。你还能说什么？倘若说"不行"，朋友会不会觉得伤心？他会不会再也不喜

---

a　帕斯卡古拉：Pascagoula。美国密西西比州南部杰克逊县（Jackson County, Mississippi）的县治所在。

欢我？他会不会觉得我自私？可要是我说“行”，那么以后总要干这种事怎么办？我是不是笨蛋？还是说，这就是与他人相处必须付出的代价？

我们如何应对他人的各种问题，都是由自己与他人之间的某种外部矛盾引发的。我们想做某件事，可朋友、邻居或亲戚却想当然地以为、期待、渴望甚至操控我们去干别的事。之所以会产生这种内心的危机感，是因为——

你虽然想按照自己的意愿行事，可又担心朋友会觉得你的意愿不对；

担心你也许正在犯错；

担心你的我行我素没准会伤害到他的感情，而他则有可能离你而去；

担心按照自己意愿行事的理由并不那么“合理”（你的腿并没有断，也不忙，为什么就不能去机场呢）。

……

结果就是，你在试图按照自己意愿行事的同时，容许了别人让你感到无知、焦虑或内疚的做法。这种极为糟糕的情感状态，就是你在小时候不按他人意愿行事时习得的感受。从小我们的内心就习惯了被人操控，儿时受到的训练，压制了天生强势的自我，于是我们便会利用反操控，来应对自己的沮丧。然而，带有操控性的应对，是徒劳、反复的。带有操控性地去与成年人打交道，跟应对小孩子并不一样。假如你通过情感和观念来摆布成年人，他们可能用同样的方式反控你。要是你再一次反控他们，他们仍然可以再反控你，如此类推，周而复始。在竭力推托去接朋友的姑姑时，尽管你说出的话可能会比平时要微妙得多，但它们仍然显得很纠结，就像下面这段对话那样：

你：天哪，哈利！那时我都要累死了。

（试图让哈利产生内疚，言下之意是："谁会让一个疲惫不堪的朋友去交通拥堵的路上受苦呢。"）

哈利：老太太来到一个陌生机场，又没人接，真的会害怕。

（试图让你产生负疚，言下之意是："仅仅因为自己累，就让一个老太太去经历害怕，这是什么人哪……"而你心里则想："这个老太太究竟来干什么？她都跟帕斯卡古拉的蚊子一起生活50年了，所以她的耐力一定比得上马！"）

你：唔，我真得排除万难才行啊……

（试图让哈利产生负疚，言下之意是："要是你让我去，我身体吃不消。"而哈利则想："不过就是脖子疼嘛，以前你也疼过，又不会要了你的命！"）

哈利：如果我去接她，起码要七点半才能到。

（暗示你对实际情况不了解，言下之意是："我到那里的路程比你要远得多，也困难得多。"而你则想："谁知道他在哪儿，在干什么？很可能现在他离机场比我近呢！"）

这种"操控—反控"式的拉锯战很滑稽，因为不管谁去机场，都不取决于你的意愿，而取决于谁能让对方感到更内疚。与他人进行这种交流的结果，往往以你的沮丧、生气或焦虑收场，尽管你曾竭尽全力避免去经历这些感受。假如没有成熟的强势的宣泄途径，最终你就会通过语言争吵或避而远之的方式，将情绪发泄出来。这种未加解决的、内在的应对矛盾，介于我们的正常需求、儿时观念和习惯训练之间，它的最终结果就是给我们带来真正痛苦的抉择——

1. 我们得按别人的意愿行事，让自己沮丧、郁闷、失去自尊；

2. 我们一气之下按照自己的意愿行事，使人们疏远自己；

3. 我们避开冲突，在制造冲突的人面前逃之夭夭，但那样也会失去自尊。

首先要认识到——只要你不允许，就没人能操控你

变得强势的第一步，就是你必须认识到，假如你不容许，就没有人能够操控你。为了防止他人操控，你需要明白人们是怎样试图操控的。他们说的什么话，做的什么行为，持有的什么观念，会操控到你的情感和行为呢？在防止他人操控时，为了尽可能让自己变得强大有力，对于在成长过程中形成的幼稚看法和观念，你还需要问上几个“为什么”——正是因为这些，才让我们容易被操控。

尽管人们操控的言语和方式无穷无尽，但在对非自我肯定者进行治疗的临床经历中，我还是观察到一系列最常见的操控性期望，许多人对于自己和他人，都有这样的期望。在普通的非临床治疗人群中，也能见到由这些期望所引发的操控行为。这些幼稚的期望，以及由此导致的行为，否定了我们作为人类所独具的大部分品格和自尊。倘若跟那些操控我们的人一样，我们对自己也有相同的期望，那么就等于自动放弃了品格和自尊，放弃了决定自己人生的责任，放弃了掌控自己行为的权利，而听任他人摆布。

这些想当然的观念，说明的都是一个问题：“应当”如何去做，才能不依赖于“愤怒—敌视”和“惧怕—逃避”的原始应对办法。他人操控我们的大多数伎俩，都是以这些观念为基础的。这些观念，跟我们作为健康、情感稳定的个体所拥有的权利，直接产生了抵触。在本章和下一章，我将说明这些观念，以及我们所具有的每一项权利：跟他人一样，我们每天都

在侵犯着自己的权利。

我们所拥有的自身权利，是让每一个个体都能健康地参与任何人际关系的一种基本框架。这些个体权利，也是人与人之间建立信任、同情、热情、亲密和爱的积极关系的基础。倘若人们不能向彼此表达出个性化的自我，那么信任就会被怀疑替代，同情就会演变成冷嘲热讽，热情和亲密就会消失，而我们所称的爱就会变得酸不溜秋。许多人都不敢表露爱和亲密，是因为他们认为真情会被别人践踏，而他们也没办法去应对别人的拒绝。我喜欢这样想：所谓的强势，指的就是对你的能力充满信心——“不管发生什么事，我都能处理好。”

本书所列举的十条“强势法则”，就是为了说明我们对于自身幸福负有责任，说明了我们对于自身人性的接纳——正是这种人性，限定了别人对于我们可以有怎样的期望。首先，让我们来仔细看一看最首要的一项强势法则：最终评判自己为人和行为的权利。其他各项强势法则，都是由此项衍生而成。然后再来看一看，在不同的人际关系中，我们是如何允许他人带有操控性地侵犯这一权利的。

强势法则一：你有权坚持自己的行为、想法和情感，并对产生的一切后果负责

你有权做自己的最终评判者：这句话看起来简单，听上去很像常识。然而，它也是一种权利——每个人都可以充分掌控自己的思想、情感和行为。可我们越是习惯被人操控，越是不强势，越有可能不把它当成自己的一种权利，而将其抛弃。

为什么会这样？究竟是为什么，一句简单的话，实际用起来却那么难？

倘若你行使这一法则，那么，你承担的就是自己的生存责任，这种责任与任何人无关。

有一些人，他们对别人的行为心存忧惧，并进而认为应当将人们控制起来。在这种人看来，你这种不为他们所动的自主性，会令他们极为不安。

这种对控制他人无能为力的感觉，源自他们采取不强势的态度、观念和行为所导致的失败经历。要是与之相处的人不受某种外部行为准则的约束，他们就会觉得，自己的目标乃至幸福，都会受制于这个不受约束的人，会任由此人玩弄于股掌之间。

假如因为没有准则而感到烦恼，我们就会创造出许多武断的准则，让这些准则带来安心和安全感。

在公共卫生间，跟蹲在隔壁的人交谈合不合适呢？要是这样做，那人会怎么想呢？

我不知道答案，不过我猜想他会觉得我是傻子。站在公共小便池边，可不可以对身边那个家伙正在干什么好奇呢？要是他发觉你正在看他，他会怎么想？如果说这些小事都没有准则，那么厕所里的人，为什么做法都完全一样呢？上厕所的人，肯定创造出了一整套武断性准则，规定自己在排泄时“应当”或“不应当”做什么。这个例子，尽管说的是无关紧要的行为模式，但其中包含的道理却极为典型。

个人的不安全感，促使我们创造出控制行为的准则，在更重要的事上尤其如此。什么才是“恰当”的性爱方式？是标准的传教士体位[a]吗？《爱经》[b]中描述的那些事又怎么样呢？要是那些事都没问题，为什么大家都比较

---

a 传教士（式的）体位：missionary position。指男上女下的传统性爱姿势。

b 《爱经》：Kama Sutra。一本关于性爱以及其他主题的印度古书，相传由一位独身的学者所作，时间大概在公元1世纪到公元6世纪之间，是一部以经书形式写成的关于性与爱、哲学和心理学的著作。亦译作《性爱圣典》《欲望与智慧》《欲经》等等。

忌讳谈呢？还有，怎样跟你的母亲说，让她不要再烦你的妻子？你妻子为什么不注意与婆婆的语气呢……

所有这些武断、“恰当”的行事方式都是哪里来的？答案只有一个——每个人在生活中，都会用儿时大人教我们的观念为纲，创造出这样的准则。然后，我们就会带有操控性地把准则运用到他人身上，侵犯他们的权利，操控他们，减轻我们个人的不安全感。之所以有这种不安全感，是因为我们不知道该做什么，不知道如何应对。

作为一种自我保护措施，人们会从心理上对你进行操控，会利用“对错”“公平”“道理”和“逻辑”等方面的准则和标准，来控制你那些可能与他们的个人需求和好恶相矛盾的行为。操控者会创造出一种似乎已经公认的外部规则，以便操控你的行为。

是不是所有的外部规则都带有操控性呢？假如你想借助这些准则和结构，使你和他人的关系变得简单、轻松，你会不会可能让别人操控呢？这些问题，是无法用简单的“是”或“不是”回答的。现实中，无论进行交流的两个人是什么关系，这种关系中的所有结构或准则往往是武断性的。

比如说，你跟生意合伙人制订了一个方案，规定你处理内部事务，他处理对外事务，可并不是只有这样，才能把生意做好。其实，你们可能可以共同承担财务，或雇用一个兼职会计，也能产生同样的效果。也就是说，多做一些本职外的工作，说不定会让你们的生意更成功。再比如，丈夫和妻子商议，丈夫上班，妻子在家照料孩子，这往往也是一种武断性安排。照料孩子的任务不一定要交给一个人，可以由夫妻分摊，也可以雇保姆，可以把孩子送到托儿所……等等，采取其中的任何一种，都不会有问题。

从你与他人的三种关系，解读他人对你的操控

为了更好地理解他人会怎样利用这种外部规则来侵犯你，可以简单地将你和他人的关系分为三类：

1. 商务式或正式关系。
2. 权威式关系。
3. 平等关系。

把你和他人之间特定的相互关系进行归类，取决于一开始你们两人的相互关系，究竟在多大程度上受到了准则的制约。

在第一类关系中，不管你如何考虑，商业交易行为中已经植入了大量外部规则。这种结构的表现形式，大多是法律条款或合同。这样，买卖双方都能清楚地说明，彼此之间商业行为的性质。在商业关系中，假如一方（通常是卖方）将某种带有操控性的外部规则带入，而这种结构又未经双方事先确认，就会妨碍到你“做自己的未来行为的最终评判者”这一权利。比如，“我只是经销商，散热器好不好跟我们没关系，你要联系厂家。”（言下之意是：“你这个笨蛋！难道你不知道我们瑞波夫[a]汽车店是怎么做生意的不成？”）

第二类关系，涉及与某种权威人物的关系，它属于事先只植入了部分结构的一类。在这种关系中，双方的所有行为，并非像商务式关系那样，受到共同认可的规则所约束。一个例子，就是老板与员工的关系。跟老板

a 瑞波夫：Ripoff。此处是作者杜撰的店名，含双关义，因ripoff本义指“盗窃，宰人，骗人”。

打交道的时候，并不是所有准则都会事先明确地说出来，并经过双方认可。你也许知道上班时应当如何应对他，可下班聚会时，你又该怎样应对呢？买饮料该由谁来付账呢？该由谁来选择酒吧？即便是上班时间，当老板提出某种过分的要求，像让你承担更多职责、让你临时加班或不付加班工资的话，你又该怎么办呢？

在这种互动关系中你可以看到，如果将操控性结构武断地强加于某些领域，没有双方共同认可的规则进行约束，你就不能成为自己行为的最终评判者。

到了网球场，你上班时的老板便不再是老板（谢天谢地！），可为什么一起去打网球的时候，总是你在张罗一切？6点你下班回家，你上班时的老板就不再是老板，那为什么回家路上你还要下车，把他的西服拿去洗衣店清洗呢？尽管你讨厌做他的仆从，可在这个问题上你仍然不会跟他说什么。

权威式关系的另一个例子，就是小孩与父母的关系。在这种关系中，父母一开始都是专制的权威：他们是生你养你的人、帮助你的人，你的老师、护士、保护者，你的模范，执行纪律的人、决策者以及裁判员。而孩子一开始都是被抚养者、学生、病人、请求者等角色。随着孩子渐渐长大，开始为自己的幸福承担起越来越多的个人责任，那么，最初现实所赋予的这种“父母—孩子”式的结构就需要加以改变。要想让孩子主动承担起管理人生的责任，就必须给予孩子越来越多的自由抉择权。

你肯定记得自己的经历，当父母和子女的角色变得更加平等，双方就能分享彼此的个人情感、目标以及遇到的问题。通常来说，这种分享还不够平等、亲密。父母往往会因为无知、不放心而固守着过时的习惯，虽然给子女部分成年人的自由，却不放弃原有结构赋予他们的那种全能父母的角色，所以会侵犯到子女们的自身权利。这样，子女会产生抗拒心理，导致父母和孩子之间渐渐疏远。

这种不幸的情形，在一位母亲和她40岁女儿的案例中，表现得很明显。这位不强势的女儿在生活中经常受挫，为了应对，她只好不断地吃东西，以此来获得最起码的满足。接着，她就不得不严格控制饮食。有一回她跟母亲一起去购物，之后，她们在一家咖啡店坐下来休息。这时，母亲马上就用一种“妈妈最清楚”的态度，说服女儿再吃点儿什么。尽管女儿辩解说她不想吃东西，可最终她还是吃了。

那位母亲通过引入旧时母女关系的结构，来操控女儿（谁知道是为什么呢？），但这种结构在这样两个女性之间——一个60岁，另一个40岁——根本就没有现实基础。与此同时，那位母亲本身的家庭生活也有严重的问题。丈夫身体残疾，可她还去干那些并不适合她的事情，把家庭财务搞得一团糟。女儿想要帮她，可她知道母亲很可能不会相信她的判断，接纳她的建议。她也受够了母亲一贯的操控伎俩，不想围着母亲转。这样的母亲，根本没有找到一种新的、成人对成人的角色关系来与子女相处。

在这个案例中，40岁的孩子在父母面前依然是孩子，60岁的父母在孩子面前依然是父母。与这形成鲜明对照的，是我相当了解的另一对母女。这两位女性，在生活中也存在着严重分歧。女儿进入青春期后，父亲过世了。一个家庭自然会碰到许多问题，但通过多年的反复尝试，这对母女逐渐形成了彼此平等的关系，相互都尊重对方的选择和决定。目前，这位母亲已经56岁，独自生活着，而女儿也已经31岁，结了婚并有了两个孩子。她们彼此都能为对方带来美好的感觉和积极的心理支持。最近，这位母亲跟女儿谈到了独自生活所带来的问题，说：“我真喜欢跟你说说我的麻烦。你不会对我的男友挑三拣四，不会抨击他们，不会指手画脚告诉我该怎么做。你只是聆听，让我有一抒心中不快的机会。我真的很喜欢这样。”这位母亲，不但能接受女儿的帮助和建议，也能尊重女儿为了约束她的行为而设下的一些限制。

在第三类关系（即平等关系）中，事先并没有什么初始结构来约束双方行为。所有结构都是随关系发展，通过达成有效的折中办法形成的。这些双方认可的折中办法都讲求实效，让关系得以保持，而不必每天协商，谁在什么时候该干什么。那些为了变得更加强势而接受培训的人，总是天真地认为，这些折中办法都应当公平。我对他们说："折中办法不一定非得公平，只要有效就行！谁说人生是公平的？你们为什么会有这种愚蠢的想法？如果人生公平，你我就该轮流和洛克菲勒家族去南太平洋、加勒比海和法国里维拉旅游，而不该待在这里，想着学会强势。"

平等关系的例子很多，比如朋友、邻里、同屋、同事、情侣、成年家庭成员、堂/表兄妹、姻亲、兄弟、姐妹之间。这些关系中，你既可以随心所欲行事，同时也最有可能受到伤害。最明显的一个例子，就是夫妻。大家都听说过相敬如宾的婚姻关系，夫妻双方会通过交流，表明心中所想，说明能够给予对方什么，来共同达到所需要的那种折中结构，并且很可能会一再修订这种结构。他们并不担心在别人看来有多古怪或自私，也不担心会违背某种夫妻"应当"怎样行事的神圣准则。有了这种强势的分担能力，夫妻双方就定下了底线，使他们的婚姻结构保持合理的灵活性，以应对人生的各种问题。

在这种平等关系中，倘若一方（或双方）因为不安全感或出于无知，而带着先入为主的观念（比如朋友、室友或夫妻"应当"如何行事），进入到关系当中，就会出现问题。在出了问题的婚姻中，往往夫妻的一方或双方对于夫妻角色都早有明确的看法，这些强加的准则在现实生活中很多行不通。齐心协力、创造幸福生活的夫妻角色，只能在共同生活的过程中逐渐形成。

婚姻关系中，任何一方的个人不安全感越强，这一方试图强加于配偶或自己身上的结构就越武断，操控性就越强。感到不安全的丈夫，可能会把武断性的结构强加到妻子身上，目的只是为了应对自己的担心（担心对妻子束手无策）。他可能会坚持说妻子不应当工作，应当待在家里照料孩子，或不允许妻子管钱。他甚至觉得，妻子对于这种人为强加的处理方式如果有异议，就应当受到惩罚，至少应当让她内疚才行。他会一边装腔作势地说着公平、谦让的陈词滥调，一边却干着这样的事。

有一对已婚男女来就医。这对不幸的夫妇在结婚前，没有跟其他人发生过性关系。他们唯一有过的亲密而平等的关系，就是婚姻关系。从一开始，丈夫的武断结构就在关系中占了上风，而这个年轻的女人呢，则不够强势和独立，无法与丈夫抗衡。她唯一能够做的，就是消极、逃避，或采用稍逊于丈夫的操控办法。

结婚 6 年后他们来就诊，此时问题已经堆积如山，都可以压扁一台独轮车的轮胎了，可她却还在艰难地推着独轮车，并把问题归结为“我的性问题”。在日常生活中，她无法强势地应对丈夫的操控，所以她开始从各方面疏远他，包括性生活。在 4 年失败的性生活后，她开始抱怨说自己有性冷淡、阴道炎、阴道痉挛（阴道口非自主性收缩，妨碍性交）、性交疼痛（深度阴道疼痛，常见于假性性交困难[a]）等问题，无法获得快感。她并不承认不自信，坚持说除了性生活，婚姻的其他方面都令人满意，所以她一开始接受的是性功能障碍治疗。阴道痉挛通常只需要 3 个星期就可以克服，可她却治疗了 3 个月。

数次治疗无果，医生又开始采用一般的探索性心理治疗，但也没有用。夫妇二人都无法理解这才是最终的答案：表面上的性问题，其实与他们相互的普通行为有关。当医生问她为什么要治疗性障碍时，她深信不疑地回

a 假性性交困难：sexual malingering。指因心理原因导致生理问题、并非器质性病变引发的性交困难。

答“这样查克就会幸福”，可对她自己的性满意度却只字不提。她没有意识到，性生活的失败，不过是她为了达到这样的目的：让丈夫难受，并让自己发泄沮丧——嫁给了他，并没有获得幸福的婚姻。后来，这对夫妇中断了治疗，据最后的报告称，他们正在考虑离婚。

从妻子这一方来说，没有安全感的妻子，也可能会把操控性结构强加于婚姻中，以此缓解担忧的心理。她也许会侵犯丈夫的权利，巧妙地、甚至用屈尊俯就的态度来对待他，仿佛他是一个不负责任的小男孩。她会容许他有为谋生而工作的自由，但由于不信任，她会试图掌控他的其他行为。要是丈夫对这种严格的处理方式心存不满，她就会让他产生内疚感。在这种情况下，丈夫也必须先相信妻子可以这样对他，才会受操控。他必须相信，他不是自己行为的评判者。假如他不信，妻子是没有办法强加于他的。

我有一名男患者，他与妻子之间就是这种关系。接受治疗前，他升职为一家连锁商店的经理。升职后他承受着各种压力，既有来自公众的，也有来自公司管理层的。由于有着一种不强势的观念体系，他并没有严格限定自己应当为顾客提供什么服务，也没有坚持让公司明确承诺给予支持。结果，他没干多久就卸任了。在失业的时间里，他觉得必须瞒着妻子，于是谎称有工作。当一家单位提供了一份压力很小的临时工作，让他去当仓库管理员时，因为害怕跟妻子冲突，害怕她的亲戚会知道自己是蓝领工人，所以他没有接受那份工作。很显然，这个可怜的家伙并不认为他是自己行为的最终评判者，所以他表现出的，是那种原始的、消极逃避的应对方式，而不是言语上的强势。

在与他人交往的这 3 种方式，即商务式、权威式和平等相待的关系当中，出现问题的共同原因是：你与同一个人之间，存在着一种以上的相互关系。比方说，当你和一个朋友建立起商务关系后，双方都很难做到不让商务行为干扰到你们之间平等、友好的朋友关系，反过来也是这样。你的朋友也许会通过强加某些行事方式来操控你，但这种方式与你们之间的商务行为却毫无关系。

例如，他可能会开始向你借车去跑业务，因为你们以前都向彼此借过车。他也许会试图向你借大笔钱款，因为以前向你借小笔钱款时也没出什么问题。倘若你和朋友尚未达成一种真正平等、没有操控性结构的相互关系，那么，你的朋友就很可能会想当然地认为，在你与他的商务关系中，也“应当”这样对待彼此，他会说：“一个朋友，怎么能仅仅为了还钱而逼我呢？”

这就是混合了关系而导致相互操控的例子。常言说得好：“朋友和生意难两全。”你可能会发现，有时你根本没有选择余地，只能用两种不同的方式来对待同一个人。

在混合关系中，只有强势地我行我素，自主决断你想要什么，认真研究每一阶段你愿意接受的折中办法，以此应对别人的操控，你才能与一个朋友又做生意，又做朋友。

强势是不道德或不合法的吗？

我们常常有这样一种原始而幼稚的观念，换成我的话来说就是：你不应当对自己和自己的行为做出独立自主的评判。而应当由一些外部准则以及比你聪明、伟大的权威来评判。

从根本上说，这种观念引发的任何行为，都是操控。不论用什么方式，只要有人限制你决断自己行事的权利，那么他就是在操控你。

在一个 85 人的强势法则培训班上，当我问到“你们当中有多少人真正相信这一观点”时，只有 3 个人举了手。可是当我问：“你们有多少人表现得似乎相信这一观点呢？”全班学员都举起了手。

我行我素这一权利，是不让任何人对你进行操控的首要强势法则。正是由这一强势法则，衍生出了其他的强势法则。其他的强势法则，只是这一权利在日常生活中的具体应用而已。在后文所述的各种具体的强势法则中，我都会给出例子，说明他人是怎样通过种种伎俩，试图把他们自己武断性的标准，树立成对你的行为进行评判的最终准则的。现在先让我们简要地看一看，行使这一基本的强势法则所带来的结果吧。

成为自身行为的评判者后，你就能学会各种独立自主评判自身行为的方式。通过自己反复尝试后做出的判断，不太像“是与非”的体系，而更像是“这个对我有用，那个没有用”的体系。独立自主做出的判断，是一种并不严格的“我喜欢—我不喜欢”的体系，而不是“我应当—我不应当”“你应当—你不应当”式的严格体系。

我们每个人对于自身所做的特定判断，可能并不有条有理、符合逻辑、始终一贯、恒久不变，对于他人来说，可能也并不都是通情达理的。然而，它却是适合我们独特个性和生活方式的判断。

许多人往往会害怕成为自己的评判者。做自己的最终评判者，没有准则约束，就像是独自在陌生的异国旅游，没有导游来介绍应该看哪些景点一样。更令人担心的是，我们手头还没有指点迷津的地图。在人生路上为自己制定准则并不容易，但要是允许他人操控我们的情感，而让我们面临沮丧、敌意和逃避，肯定更糟。我们要依赖于自己的判断，因为事实——无论我们是否愿意面对这一事实——就是：只有我们，才对自己负有责任。

我们无法通过否认或忽视责任的存在，而逃避自己必须承担的责任。这是你的人生，其中发生的一切都由你本人负责，而不是由其他任何人负责。许多人都不承认他们是自己行为的最终评判者，因为不愿对自己的行为负责，他们常常找借口、寻理由。这种否认自己责任的态度，很像纽伦堡[a]审判中那句经典的辩护词："我只是服从命令而已。"

最后，我们需要弄清楚，行为上的强势，是如何涉及道德规范、法律体系这样的外部权威的。道德规范是人们用于评判自身或他人行为的武断性准则。说到道德规范对人的操控，我很喜欢下面这个故事：

一群人背着包在谢拉山脉[b]徒步旅行，步履稳健的向导突然被一根木头绊倒，折断了脖子。此时每个人面临的，都是"找到回家的路"这一艰巨的任务。人们心存恐惧，害怕在荒野中迷路，一旦找到一丝生存的迹象，恐惧也会得到缓解。这时，每个人都找到了一条小路，纷纷对自己和其他人说："这条路是对的。"他们都不愿考虑其他小径的可能性，死板地坚持自己的选择。后来，大家终于选择了一条路，而没有走上自己选择的路的人，就会卸下"回家的责任"这个包袱，把它放到那条别人武断选定的道路上。要是这条路没能领着众人回家，人们就可以去责怪那个选路的笨蛋，而不会责怪自己。

这个故事告诉我们，世界上并没有什么道德上绝对"正确"或"错误"的方式，没有什么严格意义上的做事准则。有的只是个人自己选择的行事方式。它们要么让我们的人生变得更有意义，要么让我们的人生堕落下去。

在上面的故事中，如果有一名强势的背包客，他可能不会选择其他任何人所选的道路，而是凭着直觉，利用太阳和星星的轨迹、光敏感植物的生长位置、他所记得的路标、手中那张标准石油公司[c]所出的地图，来判断

---

a　纽伦堡：Nuremberg。德国南部城市，1945年11月20日到1946年10月1日，由美、苏、英、法四国组成的纽伦堡法庭，曾在此对法西斯德国的首要战犯进行国际审判。在审判中，许多被告都宣称自己只是遵照上级命令行事，以此来逃避对他们的指控。

b　谢拉山脉：Sierras。即内华达山脉，美国西部主要山脉，绵亘于加利福尼亚州东部，全长430多公里，宽约80公里。最高峰惠特尼峰海拔4418米，为美国本土最高峰。山体主要由花岗岩组成。它是美国风景最壮丽的山区之一，水利资源丰富。

c　标准石油公司：Standard Oil，即美孚石油公司。由约翰·D.洛克菲勒及其合伙人

99 号公路在哪里。

法律规范是社会采用的另外一种武断性准则，目的是惩罚全社会都认为应当禁止的那些行为。与道德体系一样，法律法规跟绝对的“是非”并没有关系。是非体系是用于心理操控人们的情感和行为的，而制定法律法规的目的，则是限制人们的行为，解决人们的争端。

不过，你永远都有违犯法律并面对违法后果的自主决断权。我们当中有多少人敢说，从来没有违反过交通法规呢？要是被逮住，不过就是乖乖地扣分、交罚款罢了。对于我们的选择，后果都是由自己来承担的。然而，许多人都混淆了是非体系与法律体系，在控制人们的是非行为上出现的一些立法和司法问题，正好说明了这种困惑。将法律条款与是非体系结合起来，就会将法律法规变成操控性的情感工具。

是非的概念，还有可能被当成法律的外衣，给试图惩治街头巷尾“错误”行为的警官们所利用。最近，洛杉矶警察局的一名交警，就试图对我使用这种“合法”的操控手段。这位穿着卡其布制服、大腹便便的中年大胡子队长在高速公路上把我拦下来，说我在限速 65 英里的区域以 63 英里的时速驾驶。他给我开了罚单，还认为我应该感到内疚：“要是你想像个傻蛋（在意第绪语中，“傻蛋”指的是男性生殖器）[a] 一样在慢车道磨蹭，没问题。可是在快车道上也像个傻蛋，那就不对了。下次别这样！”他不但想要我付罚款，还想要我觉得自己是一个“傻蛋”（并感到内疚）。看到我不为所动，他似乎有点失落，不过他还是保持风度，骑上雅马哈摩托车走了。

在 1870 年建立的石油提炼公司。在他的领导下，1872 年标准石油成为世界上最大的炼油公司。

a　傻蛋：Yiddish。意第绪语，中东欧犹太人及其后裔所说的一种语言，由高地德语派生而来。它以希伯来语字母书写，包括从希伯来语、俄语、波兰语、英语等借来的词汇。此处警官所使用的 putz 一词，在俚语中指“笨蛋、磨蹭”，而在意第绪语中指男性生殖器。

一旦利用了是非体系，就会让人们在心理上产生负疚感。当法律被用于诱导人们产生负疚心理后，执行法律的人，就会侵犯你评判自己的这一自主权利。人们都会觉得，因为违犯了某一条法律，你就应该感到内疚。一个虽然极端但却很明显地利用了情感法律的例子，就是拒服兵役。很多不喜欢战争而拒服兵役的人，常常被法庭判处数年苦役，比如在医院里刷洗便盆以取代狱中服刑，当一位法官在做出这种判决的时候，他实际上是在告诉拒服兵役的人："判处你给别人拍若干年的马屁，好让你不进监狱。你可不是自己的评判者，我要让他们来做你行为的评判者。"对于这个拒服兵役的人来说，他可做的选择很明显：要么进监狱，要么就放弃自己我行我素的权利。这种判决，就算没能成功地使这个人认识到自己的"错误"并感到内疚，至少也是对他自主决定不"保卫"国家这一行为进行了惩处。这样，就迫使他不得不在好几年中，放弃自己在其他领域进行自主决断的权利。

我在阅读美国《宪法》和《独立宣言》时，找不到任何章节，允许美国政府利用控制违法者情感的手段来惩处违法行为。不过，我倒的确读到过这样的内容：我们被赋予了某些不可剥夺的权利，其中包括生存权、自由权以及追求幸福的权利。——所以，假如不能行使你的强势法则，不能做自己行为的最终评判者，那么生存权、自由权以及追求幸福的权利，不过是一纸空话。

现在，让我们来看一看其他的强势法则，我也会详细介绍，他人带有操控性地侵犯这些权利时，最常用的一些伎俩。

Chapter 3

我们在哪些方面必须强势

我行我素，对于你的行为举止，对于你如何看待自身和他人，意义都非常重大。然而，如何才能把这种关于自己的总体评价，转变成跟日常生活息息相关的普通话语呢？你又怎么知道，你什么时候被人操纵了，什么时候又过于我行我素了呢？遗憾得很，我们众所周知的一种形式，就是事后诸葛亮，此时，你往往只能跟自己说："我不知道是怎么回事，但是我感受到了曾经有过的那种不舒服、不自在的感觉。"而更遗憾的是，这种事后感受对于应对事情没什么帮助，除非你故意避开那些总让我们"出现这种不好感觉"的人。

为了帮助你在受到别人操控时能够意识到自己受到了操控，本章会列举他人操控你的一些最常用的伎俩，以及你在这些情形下所拥有的日常强势法则。

强势法则二：坚持你要做的，不必解释

与本章所列的其他强势法则一样，"坚持你要做的，不必解释"这一

权利，源于你的基本自主权——只有你，才有权最终评判自己的为人和行为。假如你是自己的最终评判者，那么，你就无须向别人解释，无需让他们来评判你的行为是否恰当、是对是错，也无须他们进行其他什么评价。

当然，别人也有自己的权利，他们有权对你说不喜欢你那样做。这时你就可以选择：不理会他们的喜好，或想出折中办法，或尊重他们的喜好而完全改变你自己的行为。然而，假如你是自己的最终评判者，他人就无权操控你的行为和感受，让你相信自己做错了。这种类型的操控背后，隐藏的其实是一种幼稚的想法：你应当向别人解释这样做的理由，因为你的行为要对他们负责。

生活中有很多运用这种操控性观念的例子，比如售货员询问一位打算退鞋的顾客："您为什么不喜欢这双鞋子呢？"（言外之意是：不喜欢这种鞋子的人不正常。）这时，售货员其实是在对顾客进行评判，认为她应当有不喜欢这双鞋子的理由，因为售货员自己觉得鞋子很满意。如果这位顾客任凭售货员评判，那么她就会感到很无知。感到无知后，顾客可能就会被迫去解释为什么不喜欢。假如她确实给出了理由，那么她就是允许售货员说出她同样站得住脚的、应当喜欢鞋子的理由。接着，就取决于谁能想出更多的理由了。结局很可能是，这位顾客会留下那双她不喜欢的鞋子，就像下述带有操控性的对话所揭示的那样：

售货员：您为什么不喜欢这双鞋子呢？

顾客：它们的红色深浅不正。

售货员：乱说，亲爱的！这种颜色与您指甲油的颜色简直是绝配！

顾客：可鞋子太大了，跟带老往下掉。

售货员：咱们可以给鞋带加上弧形衬垫啊！只要 3.95 美元。

顾客：可脚背那儿太紧了。

售货员：很简单，修一下就行！现在我就拿到后面去，把它们撑一撑。

如果这位顾客能够自己决定，不理会售货员提出的“为什么”，她就更可能简单地进行回答，只需指出事实就行：“没有原因，我就是不喜欢。”

接受自主培训的人总是问我：“当朋友要求我给出理由，我怎么能拒绝呢？他会不高兴的。”我的回答，则是一连串的启发性问题：“你的朋友凭什么要求你对行为做出解释呢？”“是不是因为和他的友谊，你才允许他来评判你的行为是否恰当呢？”“要是你不说出不借汽车给他的理由，是不是仅凭这个，就做不成朋友呢？”“这样脆弱的友谊，又有什么意义呢？”

如果朋友拒绝承认你有这种我行我素、不让他人操控的自主权利，恐怕这些朋友除了操控你之外，也没有别的理由来和你交往了。选择朋友和选择其他东西一样，完全取决于你自己。

强势法则三：帮不到别人，也不用内疚

每个人，最终都得承担起确保自己一生的心理健康、幸福以及成功的责任。尽管我们彼此可能有许多良好的祝愿，但我们并没有为他人创造精神平稳、健康或幸福的能力。

你可以按照别人的要求去做，暂时性地取悦他/她，但那个人自己必须经历所有的辛劳、汗水、苦痛，以及失败带来的恐惧，才能让自己的生活过得健康、幸福。尽管你可能对别人麻烦缠身深表同情，但人生的现实就是，每个人都必须面对生活中的种种问题，并学会自己解决这些问题。

现代心理治疗术的基本原理中，就包含了对这一现实的反映。这种治疗术的从业者们已经认识到，治疗并不能替病人解决问题，只是帮助病人

获得解决问题的能力。医生可以提出一时的忠告，但面临问题的人仍须自己解决问题。你自己的行动，或许还是导致问题的直接或间接原因呢。

不论问题是谁导致的，或问题出现的原因是什么，他人解决自己问题的最终责任，仍在于他们自身。假如你没有认识到你有“只为自己负责”的权利，那么他人就可能、并且事实上也会来操控你，把他们的问题摆到你面前，让你按照他们的想法去做，好像那是你的问题一样。

这种操控方式下，隐藏着一种幼稚的想法：对那些由他人建立、用以管理人生的事物和机构，你所负有的义务，比你对自己负有的义务更大。你应当牺牲自己的价值观，以免这制度分崩离析。如果制度平常运行得不好，那么你应当屈从于它们，改变自我，而不是去改变制度。假如在涉及制度的过程中出现问题，那么就是你的问题，而不是制度的责任。

由这种幼稚观念所导致的操控行为，在我们日常与人打交道的过程中，比比皆是。你可以看到，夫妻在进行彼此操控的时候，常常说：“你要是再让我生气，咱们就离婚。”这种说法会让对方产生负疚感，因为言下之意是，婚约和两人之间的关系，要比夫妻双方的个人意愿和幸福更重要。如果配偶正好也持有这种幼稚的观念，那么他们的选择就是——

1. 各行其是，但会因为将个人意愿凌驾于婚姻之上而感到内疚；

2. 按照配偶的想法去做，可这样就会感到失意、生气，并且会进一步制造矛盾，或会因为心情沮丧而变得冷淡疏远。

若是夫妻中受到离婚威胁的一方，没有采用自我保护的态度，没有认识到离婚并不是可选的解决之道，没有强势地进行回应的话，他或她就可能被对方操控，按照对方的想法来行事，就像下述对话体现的那样：

配偶甲：如果你总让我生气，找借口什么也不干的话，干脆离婚算了。

配偶乙：（气急败坏）别傻了！你不会真的想离婚的。

配偶甲：我会！难道你不在乎我们的婚姻，不在乎离婚后我会过一种什么样的生活吗？

配偶乙：（感到内疚）我当然在乎。你把我当成什么人了？我为我们做的也不少了。

配偶甲：你只做你自己在乎的事情。你为啥这样顽固呢？要是你真的在乎我们的婚姻，你就会尽力让我过得舒坦一点儿的！所有事情都是我在干，你又干了什么？

从另一方面来说，如果受到离婚威胁的一方强势地做出自己的判断，找出问题的症结所在，找出解决问题的责任所在，他会这么回答："要是你确实觉得受不了，可能你是对的。如果我们没法解决这个问题，那么，也许咱们是该考虑离婚。"

在生意往来中，还可以看到种种惯常的伎俩：人们会试图操控你，让你负一些奇怪的责任，并凌驾于自身的幸福之上。店员们经常会试图让一位有主见的顾客（比如你）不再投诉，他们会说："您挡住其他顾客啦，其他人也要买东西呀。"店员这么说，是在操控性地诱使你内疚，言下之意是：你负有责任，应确保该商店能招待其他顾客，不让其他顾客等待。店员针对你的评判，实际上是说：如果在处理你的投诉中，该店的生意受到了影响，那么造成这一问题的责任就在你，而不在于该店。

可是，假如你能够自主判断，确定了责任所在的话，你只要说明事实即可："确实，我挡住了其他顾客。不过，我认为你们会很快处理好我的投诉，让我满意，否则他们就得等更久了。"

当你买到了不合格商品，试图获得补偿或退款时，你常常听到店员或商店经理这样说："您的这个问题，不是我们的责任。问题在于生产厂商（或车身修理厂、工厂、总公司、进口商、运输公司、保险公司等）。生产商不会因为不合格商品给我们退款，所以我们也没法给您退款。"这种说法，就是一种带有操控性的、逃避责任的托词。如果允许店员或商店经理替你做出这样的判断，你就会陷入荒唐的境地：

1. 不再坚持索要已付货款；

2. 接受这种幼稚观念——你不应当给员工或商店带来麻烦；

3. 不知道怎样既不给别人带来麻烦，又得到自己想要的，从而产生受挫感。

但如果你自主做出判断，确定自己并不需要为该店跟生产商之间的问题负责时，那么，你就可以强势地回答："我对贵方与生产商之间的问题不感兴趣。我感兴趣的，只是得到我可以接受的补偿。"

我最喜欢的一个概念，是用开玩笑的方式总结出来的，可以很好地解释什么是他人的责任——被 10000 名虎视眈眈的印第安人包围之后，独行侠[a]转过身来，对通图说："我想这就是了，奇摩·萨比[b]。咱们似乎有麻烦了。"而通图则一边审视着即将到来的灾难，一边转过脸答道："你说'咱们'是什么意思，白种人？"

---

a　独行侠：Lone Ranger。美国西部电影《独行侠》中的男主角，下文中的 Tonto（通图）是另一男主角，为印第安人。故事最早来源于一个电台节目，诞生于 20 世纪 30 年代，之后被改编成了电影、电视、漫画、小说等多种形式。其主角是一名戴着面具的游侠，他原本是德州骑警，在追捕一伙不法之徒时险些送命，后在印第安人 Tonto 的治疗和照顾下逐渐康复，并从此戴上面具，骑着白马和 Tonto 一起在美国西部旷野惩恶扬善。

b　奇摩·萨比：Kimo Sabe。这本是 Tonto 称呼 Lone Ranger 的名字，在 Tonto 的部落里，它指"忠诚的侦察兵"，此处显然是 Lone Ranger 反用称呼 Tonto。

强势法则四：你有权改变想法

作为人类，没有人是一成不变、僵硬死板的。我们会改变想法，会选择更好的办法做事，自己想要做的也会变来变去。而我们的兴趣，也会随着情况不同和时间的推移而改变。每个人都必须认识到，我们的选择在某种情形下可能有利，而在另一情形下却有可能对我们不利。要想不与现实脱节，想使自己更健康、幸福，我们就得接受这种可能性：一个人改变想法，既是合理的，也是正常的。

不过，要是你确实想改变想法，别人也许会不愿接受你的新选择，而用我们见过的那些幼稚观念来操控你。最为常见的一种就是：一旦做出承诺，你就不该再改变主意。如果你改变主意，就会犯错。你要么证明新选择是合理、正当的，要么就应当承认你错了。假如你错了，那就表明你不负责任，表明你很有可能再错。所以——你没有能力自己做出决定。

再说个买东西的例子。前不久，我把 9 加仑的建筑涂料（每桶 1 加仑）退回了一家百货商店，那家店是全国最大的零售店之一。在填写完退货凭单之后，店员指着标有“退货原因”的那一栏，问我为什么要退回涂料。我回答说：“我买的时候，你们告诉我，只要漆桶没开封，想退多少就可以退多少。我试用了 1 加仑之后，觉得不喜欢，就改变主意，不用了。”尽管商店有正式的政策，但那个店员还是没有勇气在这一栏填上“改变主意”或“不喜欢”，坚持要一个退漆的理由，比如说缺损、颜色不正、浓度不够啊等等。实际上，那名店员是在要求我捏造一个令他或他的上司满意的理由，要我撒谎，要我找到可以进行指责的地方，来代替我不负责任改变主意的这种做法。

那时我差点想说，这种漆干扰了我的狗狗温比[a]的性生活——让他想去吧！但我并没有那样做，而是耐着性子告诉店员，说漆一点儿问题也没有。我只是决定不用这种漆而已。既然经营者说过，我可以退回没开封的漆，那我现在就来退，要求退还货款啰。一个人——尤其是一个大男人——的想法说变就变，并且还觉得心安理得，对此那名店员显然觉得不可理喻，只得去请示上司。我差点儿就让那名店员替我做出“我不该改变想法”的判断了。要是那样，既找不出可以指责的地方，以此表明我的决定正当有理，我要么不得不撒谎，要么就得留着那些漆。而最终结果是，我自己做出了“我改变主意是正当的”判断，并告诉店员说我只想退款，于是便得到了退款。

强势法则五：犯错不可怕，但要承担后果

“让那无罪之人扔第一块石头吧[b]。”我引用耶稣这句特别的至理名言，并不是因为他劝导说，对犯错的他人要心存怜悯和容忍之心，而是因为他说出了一种更为现实的经验：没有人是完美无缺的。

犯错是人类特征的一部分。我们犯错的权利，以及承担所犯错误的后果，只是描述了作为人类的部分现实。然而，要是没有认识到过错——只

---

a　温比：Wimpy。此处为小狗名，但实际上含有双关义，影射那名店员，因 wimpy 指“懦弱的、蹩脚的、傻的”。

b　让那无罪之人扔第一块石头吧：Let he who is without sin cast the first stone，出自《圣经》。法利赛人抓住了一名通奸的女子，准备按照摩西法律用石头砸死。在处死女子前，他们去询问耶稣（事实上，当时法利赛人对耶稣含有敌意，此举意在试探和羞辱耶稣），耶稣回答道：“He that is without sin among you, let him first cast a stone at her.”即“倘若你们当中有人无罪，那么就让此人向她扔第一块石头吧”。由于基督教认为人人生而有罪（原罪），所以那些法利赛人都放下手中的石头离去。

是过错而已——这一点，我们就很容易被他人操控，来达到他们的目的。许多人都认为，过错就是“做得不对的事情”，必须加以弥补。并且，还必须用“正确”的行为来弥补。这种弥补过错的要求，是在我们犯错之后他人所附加的，也是他人利用我们以前所犯的错，来操控我们未来行为的基础。

这种操控方式下，隐藏了一种幼稚的观念：你不准犯错。过错是不对的，会给他人带来麻烦。如果犯下了过错，你应当感到内疚。你很可能会犯下更多的过错，引发更多的麻烦，因此，你没有能力做出正确的决定。他人应当控制你的行为和决定，这样你就不会惹麻烦了。只有这样，才能弥补你的不当行为给他人带来的麻烦。

以夫妻为例，这种观念导致的结果就是，夫妻之间常常会试图去操控彼此，尽管那些行为与过错毫不相干。这种操控，是通过暗示配偶的“不对”，必须加以弥补（通常是去做“被冒犯”的一方想要做的其他事）来实现的。比如，在核算家庭收支时，一位非自我肯定型的丈夫可能会略带情绪地跟妻子说，她又忘了把上月事项记到账单上了。这位丈夫没有强势地说“我不喜欢这样，我想要你更仔细一点儿”，而是用带有情绪的口吻，暗示妻子做得“不对”，并因此亏欠了他什么——这种情形下，也许日后需要弥补的，不过是某种象征了丈夫内疚感的、本能的不安罢了！

如果那位妻子也属于非自我肯定型，任由丈夫评判自己，她很可能就会：

1. 否认过错；

2. 说明她没有记账的理由；

3. 对过错嗤之以鼻，迫使丈夫要么压制自己的反感，以及随之而来的不满情绪，要么使矛盾激化，演变成争吵，让丈夫发怒；

4. 因为自己的过错给丈夫带来了不便而道歉，但会因为被迫要做出弥补而感到不满。

从另一方面来看，假如妻子很有主见，可以自主判断自己的过错性质的话，那么在丈夫质问后，她可以这样回答："你说得对。我又犯了低级的错误，使你受累，要多干点活儿啦。"话虽简单，但不会引发更多的后续问题，而且表达出了很多意思：我的确犯了错，这一过错给你带来了麻烦，我并不害怕承认这一点。跟其他人一样，我也是会犯错的。

为了帮助人们减轻犯错后经历的那种习惯性的内疚、焦虑或无知感，我常常指导学员，教他们从不说"抱歉"（至少在课堂上不要说，日后在现实生活中，只要学会强势敢，他们就可以决定是否要"礼貌"了）。相反，我鼓励他们就事论事。比如说"您说得对，我迟到了"，而不用为"迟到"这种行为道歉。这种教学方法唯一的问题是，大多数学员，包括那些60多岁的老者，在课堂上向我说明过错时，一个个都兴高采烈、笑意盈盈的。不过，这种方法的确有用，因为在课堂外，他们中的大多数人都开始理性而自主地看待过错，不会因过错而感到不安了。

强势法则六：你有权说"我不知道"

你有权自主决断心中的想法，不需要在行动前了解一切。你有权说"我不知道"，无须直接回答人们提出的问题。如果事情还没做，就考虑每一种可能的结果，那么，你很可能什么也干不成，而这正是那些操控你的人乐意看到的。假如在按自己的意愿行事时，有人表现出好像你"应当"知道可能发生的某些特定结果才对，那么他肯定是这么想的：对于所有你自身行为可能导致的结果有关的问题，你都能回答；要是你回答不了，就说明你不知道自己可能会给他人带来什么问题，所以你是一个不负责任的人，必须加以掌控。

在各种人际关系中，都可以看到基于这种观念的操控行为。那些接受自主培训的学员，讲述过无数事例：这些学员在表现出基本的强势行为后，他人往往会因为这些行为的结果而指责他们不负责任。一位喜欢操控妻子的丈夫，企图让自主了的妻子回到以前那种温驯、易掌控的状态，就问她："要是大家都我行我素，你觉得这个国家会变成什么样子？"这位丈夫想让自信的妻子感到无知，从而无法自主决断。不过，妻子却强势地回答："不知道啊。会怎样呢？"

在另一个案例中，一对年近六旬的夫妇，来向我咨询"非自愿住院治疗"的事。了解他们的经历后，我看出丈夫想让妻子住院的原因，是因为她不愿再跟他同居。她想要一套属于自己的小公寓，可以照料自己，不用忍受他没完没了的骚扰。在许多婚姻咨询案例中，配偶中的一方拽着另一方来治疗，往往是为了让医生告诉那名"病人"："你是病人，你犯错了。"

当丈夫明白，我不会帮着他去操控妻子，也不会因为妻子不想同居，而强行让她住院后，他竟然试图来操控我。他用轻蔑的语气说："大夫！要是每个做妻子的，都决定自己独住，见她想见的人，跟其他男人鬼混，会有怎样的结果呢？"我突然有了一种与职业不相称的冲动，想告诉他，假如他的妻子离开他，她会过得很好，还有可能重新成为一个真正的人。但我忍住了，只回答说："我真不知道。会怎样呢？"他没有注意到我毫无不安的感觉，又说："大夫，假如您妻子也这样跟您说，您觉得对吗？"我毫不隐讳地回答："坦率地说，我不太关心她的需求是对是错，而更关心她为什么没有从我这儿得到她想要的东西。"

也许是不愿用这种方式来探究，不愿用这种办法取代将妻子关到精神病院的做法，他拽着妻子走了。心理治疗是不能强制病人接受的。无数尝试已表明，强制收治没有用。这个可怜虫感兴趣的，只是怎样控制妻子，而不是怎样改善夫妻关系。

基于“你应当回答他人提问的任何问题”而进行的操控伎俩，往往非常明显，也有可能很隐蔽。但不论什么形式，一般都可以通过一些话语将这种伎俩识别出来，比如——

“要是……会怎样呢？”

“你觉得……怎么样？”

“要是……的话，你会有什么感觉呢？”

“什么样的朋友 / 妻子 / 儿子 / 女儿 / 父母，会做出……的事来呢？”

在应对这种操控时，你根本不必知道答案，因为没人能够知晓一切。有时，一个人可能全然不知自己的行为会导致什么后果。假如操控你的人想要胡思乱想，那就由他去！

强势法则七：要与人交往，但不要刻意讨好

约翰·邓恩[a]说过：“无人乃是孤岛，自成一体。”这句话很有道理。然而，将这句话推广开来，说所有人都是兄弟和朋友，却超出了常识范畴。不管你我如何做，总会有人不喜欢我们所做的，有人甚至还会因此受到感情的伤害。

如果你想当然地认为，为了恰当地与人交往，你首先要得到他人的善

---

a 约翰·邓恩：John Donne（1572~1631）。他是17世纪英国的著名诗人、玄学派诗歌的创始人和主要代表人物，其作品涉及十四行诗、爱情诗、宗教诗，包括《歌与十四行诗》《挽歌》《一周年与二周年》《圣十四行诗》等。此处的引文出自其作品《沉思录》中的第十七章。

意，那么你就等于在为善意献身，把自己置于他人的操控之下。其实，你根本不需要他人的善意，完全可以有效而强势地与他们交往。将邓恩的上述名言稍加改动就成了："就算完全与他人隔绝，我们每个人也并不是孤岛一座。"可是，假如我们都很现实，只受到生命中相对少但关系亲密者的需求影响的话，那么，每个人就会变成一座彻头彻尾的、不完整的半岛。

以商务式关系或权威式关系交往的人，可能永远都不会对我们有善意。但我们仍能够与他们交往，不需要他们喜欢我们。我的学员经常反对说，在商场等公共场合，他们不喜欢显得太独断专行，而让服务生或售货员感到不舒服。我呢，一般会这样回应他们："哎呀，我可不懂了。这就好像在说，售货员将一辆本为十速、实际上却只有四个档能用的自行车卖给你后，会把他全部的薪水都捐给慈善机构。对吗？""要是我错了，欢迎指正，不过在这种情形下，似乎你和服务生谁都不会感到爽吧。你究竟愿意谁不爽呢——你，还是他？"

在平等关系中，如果他人缺乏善意，也绝不会影响到我们解决问题的实际应对能力。比方说，产生矛盾后，夫妻间可能会暂时性的交恶，但这并不意味着婚姻岌岌可危，并不意味着周末就会过得糟糕透顶，也并不意味着当天晚上就不可能愉快。我的编辑乔伊斯·恩格尔逊女士对这个问题这么看："当有人威胁说不再喜欢，或是根本就不喜欢他们的时候，人们就会害怕得很。他们会畏首畏尾，在工作中，或与配偶、恋人、朋友相处时，维护不好自己的利益。其实，然后受不了别人的不喜欢，你也就永远得不到别人的爱！"

临床经验表明，只要发觉能够操控你，人们才会对你不再友善（假定他们开始很友善）。假如你令配偶觉得，配偶的冷淡已经影响到了你的行为，那么，这种冷淡就是对方一种潜在的操控手段，他（她）下回还会这样做。

如果你面对人的时候，跟大多数人一样不强势，对方就很有可能总是威胁你，以此来操控你按他们的方式行事。他们会直接或微妙地说不喜欢你，甚至排斥你。这也是一种幼稚的观念，他人常常会以此为基础来操控你，它常见的表述有下面几种：

- 你必须得到他人的友善，否则，他们就有可能让你做不成任何事。
- 你需要和他人合作，才能生存下去。
- 让人们都喜欢你，这一点极为重要。

基于这种观念的操控行为，每天都存在，尤其是在关系亲密的人之间，但它也存在于工作、学习这样的权威式关系当中。

你也许会注意到，每当听到他人说“你给我记住”“你这样干会后悔的”之类的话，或用更隐晦的暗示，比如流露出“伤心”或“扫兴”的神情，你都会不假思索地认同他们的暗示。此时你会变得焦虑，容易被他人操控。他们这样做的意图，跟成年人操控孩子的心态差不多。假如孩子干了让大人或年长的孩子不高兴的事，他们就会说：“要是你继续那样（言下之意是：要是你继续让我生气），黑鬼就会来抓你（言下之意是：我会不喜欢你，也不会再保护你）。”

而听到别人说“你给我记住（言下之意是：我不再喜欢你，有一天我还会报复）”，一个焦虑不安的成年人就会这样想：我真是一个无助的人，需要其他人的友好，我才能过得安全而幸福。要是在应对这些胁迫性的暗示时，你能够自主判断，那么你就可以聪明而强势地回答：“我不明白，我为什么要记着呢？”或说：“我不明白，你这话听上去好像是说你不再喜欢我了。”

你的行为，并不是非得让他人喜欢或赞赏不可，你也无须因为自己“不被喜欢”而焦虑。对你来说最重要的是，达到自己的最终目的。做事形式和行事风格，并不会给你带来什么好处。无论你是摔倒、滑倒、绊倒着冲过终点线，还是骄傲地冲过去，你都赢了！

许多人在别人提出要求、发出邀请时，似乎很难简单说一声“不”。我们都想当然地认为，对方被拒绝会感到不高兴，双方关系不容易维持下去。如果你强势地表明想法，简单明了、开诚布公地回答说：“不，这个周末我不想去。下次再说吧？”你会觉得多么轻松啊。可是你往往却会捏出很多“好”理由，来避免对方生气、感到受了冷落，避免对方可能因此不再喜欢你。

我们中的大多数人，采用的都是这种毫无意义的行为模式，原因是大家都有着幼稚的观念，认为如果做了让别人不喜欢的事情，哪怕是丁点小事，我们就没法正常行事。如果你还是这样想，请你记住我的下述结论：一个人，不可能永远生活在惧怕伤害他人感情的心态之中。有时候，任何人都免不了会给他人带来不快。这才是大都市的生活！

强势法则八：你有权做出“不合逻辑”的决定

逻辑是一种推理过程，大家可以用它来帮助对许多事物——也包括对自己——做出判断。可是，并非所有合乎逻辑的事都是对的，而逻辑推理也并非总能预测在所有情况下发生的事情。

在我们应对他人的需求、动机、情感时，逻辑并没有多大用处。逻辑和推理，通常都是用于处理“是非、黑白、有无”等信息的。事实上，需求、动机和情感对我们来说，通常并不像“有”或“无”那样明显。我们对事物和人们的感情，往往都是混杂的。时间不同，地点不同，感受也会有所不同。甚至，我们还有可能想同时感受多种不同的事物。

逻辑和推理，很难应对人类环境中“不合逻辑”的灰色地带。对于理解自己“为什么想要得到”，解决人与人之间因不同角度、动机所导致的争端，逻辑推理帮不上什么忙。

从另一方面看，要是他人想劝说你改变，逻辑却是一个不错的帮手。假如让我来跟一个小孩子解释“逻辑”的意思，我会直接告诉他：“逻辑，就是别人用来证明你错了的那种东西。”而孩子也会理解我的意思。

逻辑就是一种外部标准，许多人都用它来评判人类的行为。尽管逻辑被错误地用在了人际关系上，但许多人仍然习惯性地认为，必须提供“好的”理由来证明我们的愿望、目标以及行动是正当的，认为推理和逻辑这把锋利的智力之刃，会划破个人意识的混乱，揭示出正确的道路。

许多人都会利用逻辑来操控我们，这种操控伎俩是以下述观念为基础的：你必须遵循逻辑，因为逻辑判断要胜过我们任何人所做的判断。

比如在大学里，指导教师会利用逻辑来操控学生选课，以便学生能够“按部就班”，并且不让学生选择外系一些“毫无必要”的课程，尽管学生可能会对这些课程感兴趣。他们会提醒说，学生得毕业、得上研究生、毕业后得找好工作，以此来达到他们的操控目的。接下来，指导教师会合乎逻辑地指出，一些不必要的课程——比如关于埃及古棺情色雕刻的课程——对于找工作可没有什么好处。

可是，他们从来就不会给学生指出这一点：学完指导教师所在系的最大课程数并尽快毕业，对系里来说，在资金和教师职位两方面都有好处。如果学生任由指导教师“合乎逻辑地”替他做判断，他很可能就像其他听话的学生一样，排着队等着系里安排人生了。如果他强势地判断出什么对他更重要——是选感兴趣的课程呢，还是提早一个学期毕业，他就可以这样应对指导教师的逻辑操控：“的确如此，我的在校时间可能会久一点儿，不过我还是想选修我感兴趣的课程。”

在日常生活中，还有许多利用逻辑操控他人的例子。配偶之间，常常会向彼此指出不应当干这个或那个，原因是“我们还要存钱”“明天得早起”“他们说这样做很不好”。这种操控，用的是一种有益的、利他的方式，操控者并不会明说自己要干什么。这种逻辑性的操控，既会阻挡夫妻间可能需要进行的协商，还会使被操控的一方，因为自己提出了不符合逻辑的行为建议，而感到无知或内疚。

我在研究生院学到了一件最重要的事就是，为了生存，必须让实验室的电子设施一直为教授们开着。由此而学到的第二件事就是，在浪费了许多时间、仔细检查完维修手册上所有步骤才确定某一设备出了问题之后，你还是得把那该死的东西弄个底朝天，随便动动其中的电线，这样才能开动它！

合乎逻辑，并不一定会解决你的全部问题。但它却意味着，你会把解决问题的方法局限在那些完全理解的事物上——实际上，问题的解决之道往往存在于局限之外。

强势法则九：你有权说“我不明白”

苏格拉底[a]说过，当我们认识到对人生、对自己、对周围事物了解得少之又少的时候，我们就有了真正的智慧。

他的话恰当地描述了人类的一个方面。我们当中，没有哪个人能够机

a 苏格拉底：Socrates（前 469~ 前 399）。著名的古希腊的思想家、哲学家，教育家，他和他的学生柏拉图，以及柏拉图的学生亚里士多德被并称为“古希腊三贤”，更被后人广泛认为是西方哲学的奠基者。据记载，苏格拉底最后被雅典法庭以引进新的神和腐蚀雅典青年思想之罪名判处死刑。

智、敏锐到完全明了周围发生的事情。不过，尽管人类的处境使我们的能力有着种种限制，但我们似乎仍能生存下去。我们从经验中学会如何行事，在与他人交往的过程中，大多数人都会认识到，我们并非总能理解他人的意思或需求。

我们当中，很少有人去解读心灵，很难做到总是善解人意，但仍然有许多人，企图通过暗示、暗指、启发或其他微妙的行动，来操控我们，让我们按照他们的意愿行事，好像指望着我们为他们服务似的。他人常见的这种操控行为，可以这样概括——

· 假如想和他人和睦相处，你必须能预见并且敏锐地捕捉到他人的需求。

· 你应当懂得它们都是些什么样的需求，而不用他人明说，以免给他们带来麻烦。

· 如果你需要他人不停地把需求说出来，你才能明白，那你就无法与他人和谐相处，你要么是不负责任，要么是很无知。

由这种幼稚观念所导致的操控行为，在日常人际关系中比比皆是。持有这种观念的家人、同事、朋友，可能会试图用“受伤”“生气”的表情以及沉默不语来操控你，让你改变对他们的所作所为。这样的操控往往出现在你做了让对方不喜欢的事，从而让你和“受伤的”一方产生了矛盾之后。他们不是强势地用言语坚持自己的要求，或是尝试通过协商达成折中办法，而是代替你做出判断：

1. 你做得“不对”；

2. 你“应当”明白他们对你的行为感到不满；

3. 你“应当”自觉地懂得什么样的行为让他们不满；

4. 你“应当”为了他们改变，以免他们再“受伤”或“生气”。

如果允许他人代为做出判断，说你“应当”懂得他们烦恼的原因，那么你很可能会为了他人而改变自己，并且去做一些事，以弥补他们的“受伤”或“生气”。

由“你必须理解他人”这种幼稚观念所导致的操控伎俩，在商务环境下的人际关系中也可以看到。当你去某位医生的诊所就诊时，看病前按照医生要求填写表格的时间，可能会比就诊时间更长。这些表格涉及你的收入、职业保障、保险范围等等。有时我甚至有这样的印象——我是在向医生贷款，而不是在问诊。我相信，这种印象肯定是不对的。但我总是觉得，医务人员的举止似乎在暗示，治疗是免费的，所以除了诊疗费，我还欠他们什么似的。

最近我去诊所正骨。对我而言，压垮骆驼的最后那一根稻草（我可不是在说俏皮话！），就是医生竟然要我填上社保号码[a]。但这是我的底线，所以我便不再填写就诊卡。还好，那是最后一个问题，要不然，他还不知道是在给谁看病呢。护士在查看这张填有非医疗信息的表格时对我说，我得填上社保号，正骨医生才会给我治疗。我说，我想不通为什么治疗我的胳膊肘非得要社保号才行。护士却一再强调，必须要填。护士一脸神气十足的样子，好像在说，我“应当”知道为什么需要填写社保号。

a 社保号码：social security number。由美国政府颁发的九位数号码，相当于中国的身份证，可终身使用。有时候在口语中也简称为 social。

尽管经过了很好的心理训练，我仍然无法理解，于是回答说，我不明白社保号跟我的胳膊肘有什么关系。护士改变了态度，解释说，许多病例都是由一些工伤抚恤机构以及其他伤残机构委托的，医务人员通常都会要求病人提供社保号码，以便跟这些机构沟通。这个预约就诊患者（那时的我强势而自信），可以自主决定是否有必要将社保号码提供给收款人，以接受他们的委托服务。最终，尽管我的个人信息卡空了一栏，一位态度极好的正骨医生还是为我进行了耐心地治疗。

在经历了一点点气恼之后，我取得了小小的胜利——这正是 IBM 公司名称中所含的双重含义[a]。即便这样，我现在也还是不明白，那时的我为什么那么不怕麻烦，不按要求提供社保号码。要是你也像我一样，连自己的心思都理解不透，又如何指望去将这一方法运用到他人身上呢?

强势法则十：你有权说“我不在乎”

可以看出，前面所述的各项强势法则，存在着许多重叠的地方。这是因为，它们都只是由你的首要权利——做自己的最终评判者——衍生出的具体权利罢了。而他人操控你行为的最常见的观念当中，也有许多交叉的地方，因为它们说明的都是同一件事——“你不是自己的最终评判者”，只是形式不同罢了。

他人操控你的手段当中，贯穿着一根共同的主线：他们想当然地认为，作为人类，纵然不完美，你也“应当”努力做到十全十美。如果因为条件限制，你无法完善自我，那你至少也“应当”去完善那种有人情味的、通

a IBM 公司：美国国际商用机器公司（International Business Machine）。作者在此应是双关，因为 IBM 也可用于指 I beat medical staffs（我打败了医疗人员）。

情达理的做事方式。假如你对自己也这么想，就很容易被他人用形形色色的方式操控，这些方式只有想不到，没有做不到的。他们喜欢说：

· 因为你是人，所以很卑微，有着许多缺点。

· 你必须努力完善自身，弥补人性带来的缺点，直到你在各方面都尽善尽美。

· 作为凡人，你很可能无法尽到这一义务，但你还是必须完善自我。假如有人给你指出了自我完善之路，那么，你就有照做的义务。

· 要是你不照做，你就是个堕落、懒惰、道德颓废和毫无用处的人，不值得任何人包括你自己尊重。

在我看来，这种观念是一种终极的“愚人把戏”。假如你真的以为，自己事事都应当完美（甚至包括强势起来），那么，你就会产生失望和受挫感。其实，不管这种“完美”的标准出自他人还是你自己，你都有说“你并不在乎是否完美”的权利，因为一个人的完美在另一个人看来，往往就是不完美。

基于这种观念——即你“应当”完善自我——的操控行为，在多种人际关系中都能见到。

比如说，你的配偶可能会控制你邋里邋遢的行为：“在家里总是把衣服乱丢！难道你就不想改一改（或‘做好一点儿’‘文明一点儿’‘像个体面人’‘不要做个懒汉’）？”如果你掉入这个操控性的陷阱，认为“应当”改善自己的行为（至于具体如何改善，则由他人武断决定），那么接下来，你就会被迫解释，为什么你会随意地扔衣服——昨晚睡得太迟啦，太累啦，只是忘了啦，实际上并不经常那样啦……或其他傻里傻气的回答。

自主决断的人，会更现实地应对这一情形，比如说：“我明白，我应当让家里保持整洁，但有时我就是不太在意这个。我知道这让你不舒服，不过还是让我们来想想，有没有什么折中的办法吧。要是我做你不喜欢的事时，你能尽量不指责我，那么，我也会在你让我感到不舒服的时候，尽量不指责你！要是我做了什么让你觉得讨厌的事，你就跟我说。要是你做了什么让我讨厌的事，我也会跟你说。”记住，千万不要拐弯抹角，要坦率直白地进行沟通。

在工作中，我们也常常可以看到，人们喜欢告诉对方，如何如何才能改进工作，如何如何才能更容易、更有效或更具艺术性地做事。

希德是一位不强势的商店经理，在以往的工作经验中，他总结出了商品的最佳摆放方式。接受治疗时他的情绪相当沮丧，因为手下一些新员工总是操控他，不停地指出他的摆放方式可以加以改进，让他允许他们来摆放商品，而不是按照他的想法，迎合顾客的心理去摆放。

希德不知道该怎样应对这种操控，他压抑已久的怒气，最后终于如火山般爆发出来，他对着手下的销售员大发了一通脾气，造成了负面后果，影响到了商店的运作。经过几周的系统性强势训练后，希德能够心平气和地应对员工的抵触，不让事情变得一团糟了。他还很得意，因为他发现自己不但不必事事完美，甚至连心里都不必存有“完善自我”的想法。

由“你应当完善自我”这种观念导致的操控，很多时候都很微妙，应对起来也最棘手。防止这种操控唯一的可靠办法，就是问问你自己，你是不是真的对自己的表现满意，然后再来自主决定：你是不是真的希望改变。

许多学员说，他们常常困惑，难以区分哪些是他人的操控，哪个又是自己的意愿。他们经常会说：“我想去干这样或那样的事情，可我又想：‘我不能干那事儿！’没人在操控我呀。难道是我在操控自己？”

此时，我通常会用一个简易法则，来帮助他们理清思路，我要求他们将内心的矛盾表达出来，归入“我想做的”“我必须做的”或“我应当做的”这3类当中去。

“我想做的”这一类属于简单明了的事，比如“我想每星期都有3顿晚餐吃牛排”“我不想看电视，想看电影”“我想要在塔西提[a]海滩边度过余生”。有了这些意愿后，你可能就得去做某些“我必须做的”事情。

“我必须做的”这一类，是你自己心中权衡之后所做出的妥协，或是你与他人达成的折中办法。要是我想每周吃3顿牛排，那么我每周必须挣够3顿牛排的钱。要是我必须挣到这笔钱（而且我也不想蹲监狱），我就必须有一份薪水，足够我吃得起牛排。假如我想今晚看电影，那么，我必须放弃喜欢看的那档电视节目。假如我想在塔西提海滩边度过余生，那么我就必须习惯“热带式的午餐”。

这样，把你的意愿付诸实施时，你只需判断这些“我想做的”是否匹配那些“我必须做的”就行了。然而，很多人都混淆了这两类事，从而造成了思想上的混乱。

从我的经验来看，“我应当做的”可以归入操控性的结构当中，这种结构会让你按照他人的意愿行事，或归入武断性的结构当中，这种结构是你强加给自己的，目的是为了应对自己在“能或不能做什么”这一点上的不安全感。比方说，“我应当”工作，这是因为人人都“应当”有所作为，而不仅仅是因为每周三顿晚餐都想吃肉；晚上“我应当”出去逛逛，这是因为“我不应当”整晚都看电视；“我不应当”想去塔西提，因为没有人“应当”在海滨游手好闲。

---

a　塔西提：Tahiti。位于南太平洋，夏威夷之南的一座岛屿。

无论什么时候，一旦听到自己或他人说起“应当”这个词，就赶紧支起你那根反操控的天线，凝神细听吧。十有八九，他接下来的意思就是说：“你并不是自己的最终评判者。”

PART 2

训练你的强势力

虽然你明白必须强势，可一旦遇到事，你又会觉得“我做不到”“我不能那么干”，或者相反的，你会发怒、咄咄逼人、大喊大叫——这些都不是强势。强势最重要的心理素质，就是坚持、执着，就是一而再再而三地说出你真正的意愿。强势的语言技巧，是需要训练的，而日常生活，就是你最好的战场。

Chapter 4

始终如一地坚持你的意愿

领会了前述各项强势法则的含义之后，你可能会跟我的某些学员一样，常常说:“我心里明白，一生都应该这样对待自己和他人。可我一说出来，别人往往说我的思维方式不对……说我不应该那样想。我很高兴，别人觉得我有想自己所想、做自己所做的权利。我也明白您所说的一切。都很棒！可是……我还是不知道怎样才能强势。我该怎么办呢？”

要是你也问这样的问题，那么答案很简单:“既然这样，那就什么也别‘办’！”要想变得强势，你不但需要了解有哪些强势法则，还得明白怎样去行使这些权利。前者是理念，而后者则是一系列强势行为。

正如我在前面指出的那样，出现矛盾时，选择原始的“争斗—逃避”以外的、更具人性化的应对办法，是用语言解决问题的了不起的能力，它使我们可以通过与他人沟通来解决问题。

我们强势的语言行为，就是我们坚持自身权利时的行为。只是谈论它，并不足以让我们去行使属于自己的权利。认同自身权利是你的一部分，并不意味着他人就会尊重、理解你的权利，或改变他们的操控行为。就算你向他们说明了权利，可能也改变不了什么。

例如，在一家汽车配件商店里，店员试图操控你，这时你对他说："你不要再操控我！"他很可能会回答："什么操控呀？我可连一根手指头都没碰过您！谁看到我碰她了？哈利，你看到我操控她了吗？"要是你说"我才是自己的最终评判者"，他可能会这么想："这人是个傻帽吧？我正想解释化油器，他却想讨论哲学！"

再比如，在你妈妈想要操控你，让你更勤一点地去看望她的时候，如果你跟她解释你的强势法则，她很可能会觉得，虽然已经成年，你却仍然跟小时候一样任性。她会跟店员一样，要么对你的什么狗屁强势法则嗤之以鼻，要么就说一些话，显示她根本没听进去："亲爱的，知道这些真不错。我很高兴那时坚持让你上了大学。你什么时候再过来看我呢？"

为了行使强势法则，不让他人对你的行为进行操控，你需要改变自己应对操控时的行为——即改变那些让你被人操控的行为。下面的内容，会教会你一整套强势的语言技能，让你在处理人际关系时，能够有效地行使自己的各项权利。

表现强势的技巧一："我是一张坏唱片"法

在向学员们介绍第一种系统的强势语言技巧"我是一张坏唱片"法时，我常常一上来就问他们："当汽修工把汽车修得马马虎虎，你们要求他改正错误而跟他产生矛盾的时候，为什么总是你们败下阵来？"他们的回答往往都是一种意味深长的沉默。于是我提出了下述看法："你们都不知道为什么，对吗？我来告诉你们为什么！那是因为，你们往往一听到'不'字，就开始偃旗息鼓了。他一说'不行'，你们就会说'好吧'，或只会小声咕哝，然后走人。你们之所以失败，原因就在于太容易放弃。汽修工这个家伙（跟其他许多人一样），也不过就会说几个‘不’字。假如他说3个‘不’，你只要说4个就行。要是他说6个‘不’，你只要说7个就行。就这么简单！”

此时，通常会有一位学员说：“可我不能那样干啊。有人跟我说‘不’的时候，我可不能置之不理。”我的回答则是：“你是什么意思呢，你不能？我可没看到你身上有手铐啊。我觉得你是‘不想’做，而不是你‘不能’做。假如你是不想做的话，我觉得你跟其他人一样，都习惯了下述这种思维：你应当举止和蔼，应当听着可怜的汽修工说‘不行’，对吗？他不过是在尽力谋生而已，对吗？（此时，全班都会配合我的话，齐声嘲讽地回答：‘对！’其中有一位长着胡子的左翼分子，他每堂课都来，在喊出‘对极了’的时候，还会举起拳头）他有6个孩子要养活，得让孩子接受教育，对吗？要是失业了，他就没法再供养孩子了，对吗？可是，谁告诉你们，如果他把汽车修得一团糟，你们还应当让他继续有生意做，还应当为他的马虎付钱呢？”

你跟这位学员一样，需要学会在果敢维护自己权利的同时，更加坚持、执着。言语上的强势最重要的一方面，就是坚持，就是一而再再而三地说出你的意愿，而不生气、不动怒，也不大喊大叫。

很多时候，在冲突出现之后，要想有效地进行沟通，就必须持久不懈地坚持立场。不强势的人，往往深陷于过多的废话当中，一旦有人告诉他们“为什么”，向他们“合情合理地”进行说明，或给出了不按他的意愿行事的“理由”之后，这种人就会轻而易举地不再坚持。在学习坚持不懈的过程中，我们不许学员给出任何理由、借口，对于导致自己产生内疚感的言语，他应当做到不理不睬。

这种有效的语言技能，是我的亲密同事泽夫·瓦德纳博士率先应用的，他给这种自主性技巧起了一个形象的名称，叫作“我是一张坏唱片”法[a]。通过练习，让自己像一张坏唱片那样说话，这样我们就可以学会坚定不移，学会不偏离主题，执着不懈地说出自己想说的话，学会毫不理睬对方提出的所有细枝末节。

在运用“我是一张坏唱片”法时，你不应当被对方所说的任何言语所妨碍，而应当以平静、反复坚持的语气，说出想说的话，直到对方答应你的要求、同意妥协为止。培训和演练“我是一张坏唱片”法的目的，并不是真的教你像坏唱片那样说话，而是为了教你坚持执着，不管你说了什么，你都能从这种执着、坚韧中获益。

让我们先来看一看下面这段“我是一张坏唱片”法的对话，它发生在日常消费情境下，是一段现实而有效的对话。

对话 1．卡洛与超市店员：坚持要回丢失的肉

下面的对话，是美籍墨西哥人卡洛记录的，他是一位社区工作者。在一个员工发展培训项目中，卡洛接受过我关于有效交流问题的指导。卡洛对我说，在一个星期六，他替妻子去买一周所需的物品，可回家后，却发现他买的肉不见了。由于那天他留父亲在家里吃晚饭，所以他就要父亲跟他一起去超市，把他买的肉要回来。

对话场景：父亲陪着他进入超市，卡洛跟收款台的店员说，他买的肉不见了。

---

a “我是一张坏唱片”法：Broken record。亦译作“反复纠缠法”。因为坏了的唱片通常会反复播放同一个地方，故该短语又被引申为“反复讲同样的话（之人），唠叨不休之人，不厌其烦”。

店员：是吗？

卡洛：我在这儿买了3块牛排、1块烤肉、2块鸡肉和其他一些东西，可回到家后，肉都不见了。我想要回我买的肉。

店员：您看过您的车里没有？

卡洛：看过了，我想要回我买的肉（“我是一张坏唱片”法）。

店员：我觉得，对这事儿我无能为力（逃避责任）。

卡洛：我明白您会这么想，不过我想要回我买的肉（“我是一张坏唱片”法）。

店员：您有收款机小票吗？

卡洛：（把小票交给店员）有，我想要回我买的肉（“我是一张坏唱片”法）。

店员：（看着小票）您在这儿买了6份肉类产品。

卡洛：是的，所以我想要回我买的肉（“我是一张坏唱片”法）。

店员：唔，我可不是肉品部的（逃避责任）。

卡洛：我理解您的想法，可您是收我钱的人，我还是想要回我买的肉（“我是一张坏唱片”法）。

店员：您得到后面去找肉品部经理才行（逃避责任）。

卡洛：他会把我买的肉给我吗（“我是一张坏唱片”法）？

店员：他是负责处理这事儿的（逃避责任）。

卡洛：他叫什么？

店员：约翰逊先生。

卡洛：请您打个电话，让他到这儿来。

店员：您到后面去，就可以找到他（逃避责任）。

卡洛：那儿没人，请您打个电话，让他到这儿来（“我是一张坏唱片”法）。

店员：请到后面去，他一会就回来了（逃避责任）。

卡洛：我可不想去后面，也不想没完没了地等着。我想尽快离开这里，所以请打个电话让他到这儿来（“我是一张坏唱片”法）。

店员：您挡住排在后面的人了，后面这些人都急着要交款呢（内疚感诱导：难道您毫不关心他人吗）。

卡洛：我知道他们都急着交款，就像我急着想让你们尽快处理一样。请打个电话，让肉品部经理到这儿来（“我是一张坏唱片”法）。

店员：（神情古怪地看了卡洛一会儿，便向验钞台那位姑娘走去，跟她说了些什么，然后走回卡洛那儿）他马上就来。

卡洛：好。

几分钟过后，肉品部经理约翰逊先生来到收银台，拍了拍那位收银员的肩膀。

店员：这位顾客说他买的肉丢了。

约翰逊：（向着卡洛）您是在哪里丢的？

卡洛：在这里啊，我没有从你们这里拿走，所以我想要回我买的肉（“我是一张坏唱片”法）。

约翰逊：您有收款小票吗？

卡洛：（把小票交给他）有，我想要回我买的肉（“我是一张坏唱片”法）。

约翰逊：（看着小票）您在肉品部买了6种肉品。

卡洛：是的，3块牛排、1块烤肉、2块鸡肉，所以我想要回我买的肉（“我是一张坏唱片”法）。

约翰逊：您有没有检查过您的车内，看看它们是不是从袋子里掉出来了呢（无知兼内疚感诱导：你必须接受仔细调查才行，你很不可靠）？

卡洛：检查了，我想要回我买的肉（“我是一张坏唱片”法）。

约翰逊：有没有可能您把肉掉在别的什么地方了呢（无知兼内疚感诱导：你很粗心）？

卡洛：有啊，就是这儿。我想要回我买的肉（“我是一张坏唱片”法）。

约翰逊：我的意思是除了这儿。

卡洛：那就没有了，我想要回我买的肉（“我是一张坏唱片”法）。

约翰逊：大多数声称把自己买的东西丢了的人，后来都会记起放在别处了。您何不明天再来，要是您还是找不着的话（无知兼内疚感诱导：你记性很不好，搞错了）？

卡洛：我理解您为什么会那么想，不过我想要回我买的肉（“我是一张坏唱片”法）。

约翰逊：现在很晚了，商店就要打烊了（内疚感诱导：你让我不能按时回家了）。

卡洛：我理解您的心情，不过我想要回我买的肉（“我是一张坏唱片”法）。

约翰逊：唔，这事儿我一个人可做不了主（逃避责任）。

卡洛：谁能做主?

约翰逊：商店经理。

卡洛：好吧。请打个电话，让他到这儿来（“我是一张坏唱片”法）。

约翰逊：他现在正忙着呢。您何不周一再来跟他谈谈（内疚感诱导：他很忙，是个重要人物，你不应该用这种小问题去打扰他）？

卡洛：我理解您的感受，不过我自己也忙得很。请打个电话，让他到这儿来（“我是一张坏唱片”法）。

约翰逊：（第一次无言地看了卡洛一会儿）我去跟他说说，看怎么处理吧。

卡洛：好的。我会在这儿等着您。

约翰逊先生走向商店后面，进了一道门，不久后，又出现在货架上方一间业务办公室的窗户后面。他开始跟坐在办公桌后的一位男士交谈起来。办公桌后的那个人说了些什么。约翰逊先生摇了摇头，指了指卡洛。那人站起身，看了看卡洛，又说了些什么。约翰逊先生回答了几句，可还是摇着头。那人又说了几句，然后就回到了办公桌后。窗户后看不到约翰逊先生了，一会儿后他就向卡洛这边走了过来。

卡洛：怎么样？

约翰逊：发生了这种事情，我们感到很抱歉。您还是再去肉品柜台，选出您丢失的肉品吧。

卡洛：好的，谢谢。

约翰逊：下周我们肉品部会搞一次促销。会有一些很不错的、物美价廉的商品哦。

卡洛：我会告诉我妻子的，谢谢。

在重新挑选肉品时，卡洛的父亲对于他的应对方式深表赞同。父亲不停地用惊叹的口吻说："要是我摊上这种事儿，就只会在口袋里、车座下、家里的橱柜和阁楼上去找肉。"在开车回家的路上，父亲问卡洛为什么能够做到那样的事情，卡洛虽然谦虚，却又不失强势和自尊地回答："这不过是我在一门培训课上学到的技巧罢了，这门课是关于在工作中如何保持强势的。您要是想学，我也可以教您。"

从卡洛和超市店员的对话中可以看出，卡洛通过"我是一张坏唱片"

法，再三把自己的要求、主要目标（即他想要回所买的肉品）这一点告诉店员。当辩论过程中出现其他较小目标的时候，卡洛毫不犹豫地利用“我是一张坏唱片”法，把直接需求传达给了店员。当店员让卡洛站到一边去，等他们有空再来处理问题时，卡洛却反复提出要求，让能够解决问题的人到他这儿来。卡洛已经明白，“我是一张坏唱片”法的目的，就是要把信息反复传达给他需要坚持主张自己权利的那个人：“我可不会让你们敷衍了事，要是有必要，我可以一整天都这样。”——无论那个人想出什么样的操控伎俩，他都会这样去做。

“我是一张坏唱片”法教给我们不屈不挠、用言语坚持权利的理念，与本书中描述的其余语言技能紧密相关。在强势状态下坚持的权利，应当一而再、再而三地表达出来，直到实现你所想要的结果为止——

- 使某人不再操控我们；
- 实现我们的某种物质目的；
- 找到某种可行的折中办法；
- 达到自己的治疗性效果；
- 让我们重拾自尊。

在指导学员最大限度地从“我是一张坏唱片”法的练习中获益时，我常常让他们进行角色扮演（把他们分成 4 个人一组，每组中都有 1 名自主权利维护者、1 名操控者以及 2 名学员教练），演绎下述情形：销售员企图通过让那名维护自主权利的客户感到焦虑和内疚，而将百科全书卖给这位客户。

在卡洛那段真实的对话中，对带有操控企图的店员和经理所说的话，或问到的所有事，卡洛都即兴进行了回应。不过，他的每次回答都经过了深思熟虑，卡洛只说他想说的话。然而，当卡洛为了学会坚持执着和不受操控而首次进行角色扮演，并进行“我是一张坏唱片”法的对话练习时，我却让他和同伴一字一句地、仿佛他们真是一张坏唱片那样说话。

不管对方说什么，卡洛都用低沉而舒缓的语气回答：“我明白（您的感受），不过我没有兴趣（买一本百科全书）。”遵循这样一种步骤，是为了帮助卡洛克服那种原有的观念和习惯模式，正是这种模式，曾使卡洛的回答取决于他人先说了什么，例如下面的对话——

对话 2．卡洛与上门推销员：坚持说“不”

销售员：您确实想让您的孩子学习效率更高，不是吗？

卡洛：我明白，不过我没有兴趣买。

销售员：您的妻子也许想让孩子们都买上一本呢。

卡洛：我明白，不过我没有兴趣。

销售员：外面真是太热了，您可以让我进来喝点儿饮料，或是喝杯水吗？

卡洛：我明白，不过我没有兴趣。

销售员：您是说，您不会给我喝的了？

卡洛：我明白您的感受，不过我没有兴趣。

销售员：您不明白，否则您就会给孩子们买上几本的。

卡洛：我明白您的感受，不过我没有兴趣。

销售员：您只是不停地说“我明白”，您就不能说点儿别的吗？

卡洛：我明白，不过我就是不感兴趣。

销售员：我问您一个问题，您的孩子都多大了？

卡洛：我明白，不过我没有兴趣。

销售员：难道您都不愿意跟我说说您的孩子几岁了吗？

卡洛：我明白您的感受，不过我不感兴趣。

销售员：这么说吧，这栋楼里住了几个小孩呢？

卡洛：我明白，但是我不感兴趣。

销售员：您的意思是，您连一个问题也不会回答我吗？

卡洛：我明白，不过我没有兴趣。

销售员：要是您不想跟我说话，我还是走吧。

卡洛：我明白，不过我就是没有兴趣。

销售员：那您觉得您的邻居琼斯先生会不会有兴趣呢？

卡洛：我明白您的感受，不过我就是不感兴趣。

通过上述这种固定不变的对话训练，卡洛和同学们都改变了自己之前的习惯，学会了不再下意识回答他人提出的任何问题，或下意识地回应别人的话。原有的错误习惯源于我们的一种观念，那就是：假如有人跟我们说话，我们就“应当”回答，并且“应当”针对这个人所说的话，做出明确而具体的回应。

第一次进行对话练习时，许多新学员都非常诧异。很多人没有意识到，这种习惯有多么强大。他们也没意识到，当自己试图不去回答询问时，心里的不舒服会有多么强烈。在学员当中，有一大半都难以完成首次对话练习。练习的目的，是让他们学会不理会别人的催促和提问，强势、自如地说出心中所想，不按别人的意愿说话。

这些学员需要反复不断地被指导，鼓励他们克服容易被人操控的行为模式。为了帮助他们获得最好的学习经验，我发现，练习中至少要有一个他们能够成功对付的“硬汉”。在很多培训班上，我自己总是唯一一个能够稳妥地扮演这一角色的人。我开始让自己变成那个固定不变的混蛋角色（也是过后他们能够轻易对付的那个人)，“鼓励”他们更狠一点儿，比方说：“你们这帮人到底在干什么呀！？哪本人生手册上说过（故意用嘲讽的口吻，模仿一个头脑简单的人，看着手中一本并不存在的书)，‘有人提问，我必须回答？’把你们签有这一条款的合同拿来给我看！你们的意思是，没有签过那种东西？（全班都静了下来）那么，你们究竟为什么演得那么差劲，就像你们签过似的呢？再来一次，这次可得按照我的想法来。你们不需要回答任何问题……只要变成一张坏唱片就行！”

一些在培训后变得强势的学员和病人，会把系统性的强势训练技巧，看作是一种“复仇”的方式，一种报复操控者的方法。每个小组中，至少会有一个人提出这样的问题：“我明白您说的意思，不过，我怎样才能利用您教给我的知识，让我的丈夫（妻子、姐姐、十几岁的孩子或父母等）去做我想要他做的事呢？”我的回答很简单：“你不能那样做！”

假如你细细分析这名学员，就会发现我的回答很有道理。你可以“哄骗”某人去做某件事情，可以操控某人，也可以强势地明说你想让某人做什么，但你无法永远控制另一个成年人。因为——

· 如果你撒谎或欺骗他人，按照你的意愿行事，那么他们也可能那样对待你；

· 如果你操控他们按照你的意愿行事，那么他们同样也可能“以彼之道，还施彼身”；

· 如果你强势地明说出想要从他们那里得到什么，他们就只能回答“不行”，或提出相应的交换条件（即可行的折中办法)。

在这3种情形中，最后那种强势的做法最有效，因为它能迅速中止相互操控，使产生了矛盾的双方能够坦率地沟通，从而找出问题的解决办法。

每个班上至少会有一名学员，会反对“系统性的强势是应对冲突最直接的方法”，说：“这哪里有什么保障可言啊？你完全可以利用这个，来占那些没有上过培训班的人的便宜。有了这些强势的技巧，完全可以像压路机一样，把别人踩在脚下。”

我能够看出，他心存忧惧。教给人们一整套能够行使强势法则的语言技能，并让他们完全掌握，去做自己想做的事情，他对这种做法深感担忧。对此类问题最佳的回答，来自于我的一位老同事弗雷德·谢尔曼先生，他说：“这些自主性的语言技能，跟你们所学到的其他技能没什么两样，它们都与道德上的是非对错无关。比如说，学会开车后，你既可以利用这一技能送孩子们去参加周日野餐，也可以驾车帮助黑手党逃跑。”

如果你是自己行为的最终评判者，那么，你的自主行为所带来的责任，也由你来承担。如何去做，完全取决于你自己。

表现强势的技巧二：可行折中法

许多前来学习的人，常常是成年后第一次参加培训。他们都不理解，为什么要运用“我是一张坏唱片”法这样的语言技巧。他们会问：“要是对方不让步，或对方跟我一样强势，我又该怎么办？”

答案就是，我们的自尊感，要优于其他一切事物。假如运用“我是一张坏唱片”法来行使强势法则的同时，你也保持了自尊，那么，就算是没有立即实现目标，你的内心也会觉得舒服。自我感觉良好，正是系统性强势训练的一个主要目标。一旦自我感觉良好起来，我们应对矛盾和问题的本领就会像“滚雪球”一样，越滚越大。这可不只是小小的“锦上添花”。

然而，自我感觉良好并不是说，除了保持自尊感之外，你的目标就没有实现的可能性了。对方用强势的态度反击你，只会使矛盾集中在你们争执的一些实实在在的问题上，而不会集中在双方的相对人格力量上，或集中在谁的操控手段更高明上。无论什么时候，只要不损及你的自尊，向对方提出可行的折中办法都是合情合理的。

比方说，你可以提出一个明确的时间段，让对方给你购买的东西进行换货或维修，也可以同意下一次按照对方的意愿去做，或更简单一点，可以掷硬币来决定，谁在什么时候该干什么。你可以一直针对自己的物质目标跟别人讨价还价，除非提出的折中办法影响到了你本人的自尊感。要是最终目标涉及了自尊，那么就不可能达成任何折中办法。

除了某些特殊情况，我们一般都可以运用方法，用更加合理的方式来应对他人。那么，这些例外情形都有哪些呢？让我们简要地来看一看吧。

在某些情况下，采取强势的态度并不现实。假如你根本无法掌控事态的发展，用本书所述的系统性方法来坚持自身的权利，就很不明智，甚至还可能带来危险。必须限制你自己的行为、不能过分强势。

这些特殊情况，主要是指涉及法律和体格因素的情况。

整个美国，各州各县以及各个城市的司法、执法人员，并非个个都强势。令人遗憾的是，其中有一些人会利用职业外衣，掩盖他们认为人们“应当”如何行事的个人偏见，并且运用权力来按照个人情感行事。

面对一位怒气冲冲的法官，你运用“我是一张坏唱片”法来执着于自己的权利，可以说是毫无用处的。他可能会判处你入狱 30 天，以此来“回报”你！当一名警察用警棍揍你，要是你继续啰唆纠缠下去，那么你很可能会挨更多的揍。当然，在这些情形下你应当对自主行为加以限制，并不代表你只能闭口不言。比如你受到了警察的体罚，虽然说当场抗议很不明智，但你应当记下警号，将其行为报告给他的上司。倘若他经常这么干，市民的投诉一多，这名警察自然就会改变他的恶劣行径。

下面关于杰瑞的一个案例，就体现出了克制态度和强势之间的平衡。

我第一次见到杰瑞，是在他 17 岁的时候。那时他已经有了 3 年吸毒史，吸过海洛因、可卡因和安非他命。跟许多毒品依赖症患者一样，杰瑞极端不自信，不知道怎样与那些“正人君子”——他的父母、老师、执法人员等——打交道。杰瑞之所以龟缩在那种非自我肯定的吸毒人群里，有这么几个原因：他的伙伴从不指责他或让他心烦，从不对他发火，也从不让他去做违心的事，容许他干很多喜欢干的事。杰瑞对他们也一样。虽然这是一种非自我肯定的、默认的淡漠关系，但他们描述起来用的却是热情洋溢的字眼儿，像“爱”啊，“和睦”啊，“兄弟”啊。杰瑞因为喜欢这个人群，所以才待在其中。他也不知道怎样去与这个人群之外的其他人打交道。

在这种背景下，杰瑞接受了毒品依赖性治疗。我们利用强势的沟通技巧，以便他能一直接触非吸毒人群，并且与这些人打好交道。经过 4 个月的群体治疗和 2 个月的单独治疗，杰瑞不再在他以前的高中进行贩毒活动了。他找到一份稳定的工作，并且 12 个月后他还被一所大学录取。此后，我们对他进行了几年的跟踪随访，结果表明，杰瑞再也没有复吸过任何烈性毒品[a]，只是偶尔还会吸一点儿大麻。

在进行自主治疗之前，无论什么时候遇上警察，杰瑞总是会被拦下，接受搜身或汽车搜查。即便他很“清白”，没有被捕，也会给警察留下一些“可疑的”印象。治疗开始后，杰瑞又被警察拦下好几次，但警察再也没有搜过他的汽车，也没有搜过他的身。治疗完成后，又有几次，警察拦下了杰瑞，并给他开了交通罚单。但杰瑞坚定地认为，其中有一次他并没有错，

a 烈性毒品：hard drug。“硬毒品”，服食后会出现幻象、有快感、会引起生理上的依赖（生理和心理双重上瘾），即服食后会上瘾的毒品，如海洛因、可卡因等。与其相对的是所谓的“软毒品”（soft drug），指毒性较小、不容易成瘾，但同样可以起到致幻效果的毒品。各国对此分类不一。

所以不应当挨罚。出庭之后，杰瑞对我说，在法官面前，他针对这张罚单强势地坚持了自己的权利。我很担心，杰瑞这样做会导致糟糕的后果：他可能会因为藐视法庭而入狱。

不过，后来我很惊喜地听到杰瑞说，他只是用自己的话语，将心中所想告诉了法官……而法官竟然认可了他的说法！对于杰瑞来说，在法庭上保持强势，只不过意味着把自己的想法和事实经过说出来，让别人去听罢了，而不用去管是否有人认同。这个例子，很好地说明了在涉及法律的情形下，我们应当用克制的态度来平衡强势的行为，因为那些掌权的人只要乐意，就能用我们的前途来开玩笑。

第二种不适宜表现得过分强势的情形，也不难理解：那就是当你的身体完全任由他人摆布的时候。在那种打了就跑、暴动骚乱、抢劫钱财或背后劫袭的情形下，强势对你并没有什么用处。

沃尔特是一所大学的历史专业研究生，有天晚上，他下了课回家。在一条灯光昏暗的街道上，他碰上 4 个人高马大、长相凶悍的人。其中一人猛地亮出了弹簧刀，对沃尔特说要“借”5 美元。沃尔特问我，在那种情形下，我会怎么办。我的回答是：“只要这么多吗？我可以借给你们 20 美元！”在没有办法可选的时候，与体格上威胁到自己的人充分合作，才是最有利的应对之策。

不明智地逞一时之勇，并不是强势。当有人拿着刀枪对你虎视眈眈，你不可能傻到用“我是一张坏唱片”法，一而再、再而三地啰唆“你不能拿我的钱”。

有时候，无论你表现得如何强势和坚持，你都注定赢不了，也注定实现不了你的物质目标。没有哪种技能能够百分百保证，你总能成功。在你想运用自主技巧，去重新协商一种先验性结构的时候（尤其是在商务或正式关系中），你就更可能失败。

在我的一名学员身上，就发生了这样的事。学员想要我提供指导，帮他退掉一个有毛病的轮胎。经过上述练习，他回到销售商那里，执着不懈地利用“我是一张坏唱片”法，想要回自己的钱，可销售商却只是嘲笑他。他把自己的失败经历在班上说出来，全班学员都感到好奇，询问过详细情况后，他们仍然迷惑不解，因为实在找不出那名学员的行为有什么欠缺之处。最后，一个问题揭示了谜底——有人问那名学员：“你觉得销售商拒绝退款的原因是什么？”学员回答：“我想，可能是因为那个轮胎已经跑了24000 英里的缘故吧。”

这名学员并不是真的想退轮胎。他只是想利用强势的行为，来让自己重拾自尊，因为 18 个月前，他一声不吭地买下了一个不合格的轮胎。我肯定了他的大胆，但同时也批评他缺乏常识。顺便说一句，倘若你对“大胆”（chutzpa）[a] 这个意第绪语词汇并不熟悉，就让我告诉你：它是下述这种人首要的人格特征——这种人会在谋杀了自己的双亲之后，又在法庭上请求宽恕，理由竟然是：他是一个孤儿！

a 大胆：chutzpa。胆大妄为、厚颜无耻、肆无忌惮。源自意第绪语。

Chapter 5

掌握沟通上的强势，消除交际挫折感

无论在临床治疗，还是在传授强势的教学中，我都观察到，当人们真正变得强势后，他们开始擅长社交。

那些通过学习系统性强势技能而获益的人，通常都需要我们给予一些帮助，来提高他们的社交技能。不自信的人，在社交场合下通常难以与他人交流。这种人往往很腼腆。跟许多青少年一样，这些成年人哪怕是处在一种轻松的、不存在威胁因素的社交氛围里，说话也结结巴巴，感到焦虑不安，不知道说什么好。

社交谈话对于个人的健康和幸福有多重要?

社交谈话与我们的强势又有着什么关系?

答案很简单，它对于每个人重要的人际关系，或潜在的重要人际关系来说，都有着非凡的意义。沟通是“黏合剂”，它将人们凝聚起来，使人际关系发展并巩固，成为相互支持、共同协商、具备激励性和满足感的渠道。要想让一种社交关系得以发展，双方在彼此交往的时候，都必须保持最低水平的强势的态度。

假如他们并不是自信地交往，哪怕仅仅是初次见面的时候没做到，也会使这种关系耗时数月才能建立起来——如果这种关系能够建立的话。如果一种新的人际关系停滞不前或破裂，尤其是男女之间的关系，那么原因很可能是，关系双方之一没有强势地把“自己是什么人”这一点清楚地传达给对方。

自己的意愿、喜好、厌憎、兴趣，自己正在做什么，想做什么，自己的做事方式……谈论自己是什么样的人、谈论我怎样生活，我有什么能力，以及让他人用同样的方式舒适愉快地谈论自身，都属于强势的社交技能。

所以，自主行为并不像“向他人主张自己的权利、不让他人操控”那样简单，而后者正是我一直强调的。从社交意义上来说，强势指的就是通过沟通，把你是什么人、做了什么事、想要什么、对生活有什么期望等信息传达给对方。很有可能，对方也是一位自信、强势的人，于是你们就有了基础，可以建立起互惠互利、自我维持的关系。社交上的强势让你能看出，你们之间是不是少有或根本没有共同的兴趣，从而避免建立起一种没有出路的人际关系，因为这样的关系对双方来说，都没有发展的可能性。

如果没有掌握这些社交技能，那么产生交流障碍的原因，也许在于你之前与人交往时产生的挫折感。当你置身于新的社交环境中，这种受挫经历就会引发内心的焦虑反应。这种因过去的失败经历而形成的焦虑，会抑制你的自主性，使得你羞于谈论自身的情况，也无法有效地去听取对方披露的个人信息。

在开发一种教人用言语应对焦虑型社交关系的培训方法时，我发现，在社交环境下，大家常常会主动披露一些别人并未问及的自身信息。这些信息很多与我们的兴趣、愿望、偏见、让我们高兴或担忧的事以及生活方式有关。倘若你在跟他人交谈时，并非只用“是”“不是”的咕哝来回答，那么无论你说什么，都会给对方留下许多提示和迹象，表明在人生中的某个特定时刻，你看重的是什么。

表现强势的技巧三：自由信息法

要想在社交场合下强势、自信地与他人沟通，必须掌握两种技能。首先，你得练习聆听他人说出的、关于他们自身情况的一些提示。跟进他人自身情况的自由信息（你并没有询问这些信息，也没有对这些信息进行过评论），在社交环境下会有一箭双雕的效果。这些自由信息提供了交谈的话题，使你们除了天气，还有别的话可谈，可以避免出现令人尴尬的沉默。在尴尬无语的时候，你会在心里不停地问："我该说什么呢？"

另外更重要的是，跟进这些自由信息，可以表明你对他人看重的事情也有兴趣，这样不但可以强势、自信地鼓励对方说下去，也可让他人感觉轻松舒适。

表现强势的技巧四：自我表露法

要想有效地进行交流，必须掌握的第二种技能，就是自我表露法。强势地披露自己的情况——你的想法、感受，以及对他人自由信息的回应——能够使社交谈话变成一种双向交流。如果不自我表露，那么，交谈就会变得做作，会给人留下这样的印象：你在扮演一个讯问者或检察官的角色，你只想窥探他人的生活，而不愿与他人分享自己的生活经验。

让我们先花一点工夫，看一看怎样区分自由信息和其他交谈，并且简要地讨论一下什么是自我表露吧。

假设，在一次正式的社交集会上，你刚刚被介绍给一位陌生人（或更好一点，你已经做过自我介绍了)，那么，你可能会向那人提问，比如说：“您家离这儿近吗？玛丽。”要是玛丽回答：“不近。”那么，她就没有给你提供任何自由信息。而如果她回答：“不近呢。我住在圣塔莫尼卡[a]，离海滩很近。”那么，她就提供了两条你并未问及的信息。第一条信息是，她住在圣塔莫尼卡；第二条信息是，她极有可能喜欢海滩，并且经常去。你也许还会得知其他一些自由信息，比如她结婚了，有3个孩子，养了2条狗，她只是在社交集会上等丈夫过来……

当别人提供了自由信息之后，你又该如何处置这些信息呢？如何才能跟进自由信息，从而既可以更好地了解玛丽，又让她更多地了解你呢？对于别人给出的自由信息，有两种方法可以跟进。在玛丽这个例子中，你也许只需问她圣塔莫尼卡是什么样子就行。这种明显的行为，会鼓励玛丽告诉你很多圣塔莫尼卡的情况，但其中玛丽自己的信息可能就不多了。

为了推进这种社交谈话的进程，你可以问玛丽觉得圣塔莫尼卡怎么样。比方说，你可以用自我表露法向她提问：“我从来没在圣塔莫尼卡住过，不过很多朋友都说，那是个很不错的地方。您是怎么决定住在那儿的呢？”这种跟进，更多地指向了“玛丽”这个话题，而不是“圣塔莫尼卡”这个话题。

其他自由信息的例子还可以是：玛丽会制作陶器、她正在上夜校学习打字、她有自己的冲浪板、她还是单身等。跟进这些相关的线索，可以获得关于制陶、打字、冲浪或单身生活的更多信息，也可以突出玛丽是如何喜欢制陶、打字、冲浪的，她为什么单身、如何保持单身等信息。无论强调的是陶艺，还是陶艺与玛丽之间的关联，我们都能强势地选择双向交流。

为了完善社交沟通，把我们自身的信息披露给对方，也很有必要。我

a 圣塔莫尼卡：Santa Monica。美国洛杉矶市附近有名的海滩观光城市。

们可以选择谈论他人感兴趣的话题，也可以谈论涉及那些话题的自身情况。后一种类型的自我表露很简单，比如说："我真的不太懂陶艺。这种事情解释得清楚吗，还是说您是以制陶为生呢？"或说："我以前还从来没有跟人谈过陶艺呢。这一行是做什么的？"或说："我可挤不出时间，去干很多像制陶那样有意思的事。您是怎么做到的？"通过披露自身的信息，来回应对方的自由信息，会让对方更加轻松地鼓励你进一步披露自己，从而了解你的兴趣、生活方式，甚至是你碰到的问题。

在指导人们辨认、跟进自由信息并运用自我表露法的过程中，我利用了两种常规练习，它们还是1970年春季，我在塞普尔维达退伍军人管理局医院开发出来的。第一种练习，是让学员与一名随意指定的人结成对子，只练习跟进此人所提供的自由信息。学习辨认自由信息的人，并不提供任何自由信息，也不进行自我表露。他只需要集中精神，辨认同伴给出的自由信息，并对信息进行跟进。

在双方交换角色，并且都进行了充分的练习之后，就开始进行第二种练习。在第二种练习中，学员接受的指令是，同伴每给出一条自由信息，他都应当回应一条自我表露的信息。当双方都练习过针对对方信息进行反馈，同时鼓励对方继续表露更多信息的技巧后，他们就可以同时加入到对话中来。若是有人看到这种对话，会觉得它很逼真，根本看不出对话形式死板，也看不出对话双方是在练习。

当我指导人们在社交场合下自信地进行交流时，总会有人这样说："我觉得人与人之间的交流，并不是人为创造的。要么有交流，要么就没有。练习有条有理地交谈，既不真实，也很呆板。"

对于这样一种先验论的观点，我通常不会不厌其烦地来进行长久讨论。相反我会指出，这话跟一位老太太的话很相似：这位老太太在观看尼尔·阿姆斯特朗[a]为人类踏上那一大步的电视转播时，有记者问，她是不是也想将来有一天亲自到月球去看看。老太太回答说："要是上帝想让我们到月球上去，他就不会赐给我们电视机，让我们在这里看月球了。"

下面这段对话，是我的自主治疗小组通用的示范性练习。尽管对话的风格和内容都是为年轻人约会而设计，但其中辨认自由信息并利用自我表露法进行跟进的技能，在很多社交场合都适用。

对话 3．皮特和珍：第一次约会时，避免尴尬

在这段对话中，皮特和珍正在位于圣芭芭拉市的加州大学，就"周末邂逅"这一主题，向一群来自圣心学院和加州理工学院的学生，示范跟进自由信息的技巧。对话以年轻人在约会中碰到的交谈问题为中心展开。

对话场景：皮特刚刚把珍从家里接出来，进行他们的第一次约会。

皮特：嗨，珍。

珍：嗨，皮特，你好哇！

皮特：我很好。你呢？

珍：我觉得很开心呀。

皮特：太棒了。我也一样。

---

a　尼尔·阿姆斯特朗：Neil Armstrong（1930~2012）。世上第一个登月的宇航员，生于美国俄亥俄州。1969 年 7 月 16 日作为"阿波罗 11 号"飞船驾驶长，他开始执行登月任务。7 月 20 日，他首先登上月球表面，宣告说："这是个人的一小步，却是人类的一大步。"

珍：咱们走吧，我都准备好了。

皮特：好的，咱们走着去吧。只有四五个街区，咱们可以边走边聊。

珍：好吧。

皮特：今天你都干什么了？有没有什么惊人之举呢？

珍：没有啊，我一整天都在学习（自由信息）[a]。

皮特：你为什么要学习啊？

珍：下周我有两门考试呢（关于日程的自由信息）。

皮特：这两门考试都是什么呀？

珍：莎士比亚文学和繁殖生物学[b]。

皮特：哈哈，我很喜欢戏剧。你这两门课程组合得真够可以的，莎士比亚和繁殖！我知道你对繁殖感兴趣的原因。可你是怎么对莎士比亚感兴趣的呢（自我表露法）？

珍：我妈妈遇到我爸爸之前，在大学里学的是戏剧专业。我想，我的兴趣是从她那儿遗传来的（关于父母的自由信息）。

皮特：我们家人可没有表演天赋。你妈妈放弃演艺事业，你觉得好还是不好呢？我倒是觉得，要是有个关系亲密的人，对百老汇和好莱坞的名人了如指掌，那可真是呱呱叫呢（自我表露法）。

---

a 作者注：珍用“没有”回答说，今天没发生什么有意思的事。然后她给出了一条自由信息：她在学习—对学生来说，这是极有可能的，但我们不能想当然地进行假设。因为除了学习，学生也会干其他的。那么，皮特就可以问：1. 她不学习时通常干什么？2. 最近她碰见了什么有意思的事情？ 3. 她为什么要学习？ 4. 她为什么要在这个特定的时间学习。

b 作者注：皮特可以用两种方式来回应：1. 客观地回应；2. 针对她的个人兴趣回应。前者可以是“跟我说说莎士比亚的戏剧”；后者则更具个人针对性，比如：“你是怎么开始对莎士比亚感兴趣的？”

珍：我也觉得那样很棒，不过我还是喜欢她现在这样，能够照料我爸爸和全家人（关于母亲的自由信息）。

皮特：你是不是觉得，那就是你的生活方式——做个家庭主妇，就那样吗？有时我觉得，对于女性来说，操持家务真是烦人呀（自我表露法）！

珍：我不知道。我只知道我还不想结婚。我想先看一看，自己能干些什么（关于个人目标的自由信息）。

皮特：我也这样想，我想先自立一段时间。你愿意做什么工作，当女演员吗（自我表露法）？

珍：也许吧。要是我够优秀，能在演艺界取得成功就好了。你的学习目标又是什么呢（关于自我怀疑的自由信息）？

皮特：我可还没有想好，是当一名脑外科医生呢，还是做电车售票员。

珍：真是好笑！太好笑了！那么老掉牙的玩笑，大家都不说了。

皮特：我知道这个玩笑不怎么样，不过这是我最喜欢的玩笑。你听到过更好笑的吗（自我表露法）？

珍：没有，我记得的全都是大象笑话[a]（关于幽默品味的自由信息）。

皮特：大象笑话也很不错呀。你也许知道一些我没有听过的呢（自我表露法）。

珍：可是我想谈谈你。毕业后你打算干什么（自我表露法）？

皮特：难道你总是把跟你约会的人调查得这么彻底吗?

珍：得了吧。你读什么专业?

---

a 大象笑话：Elephant joke。20世纪60年代风靡美国的一种问答式幽默，通常由荒诞的谜语或双关语组成，类似于“脑筋急转弯”，其内容往往以大象为题。

皮特：我投降，我坦白。我读航天工程学。不过是多了一个好战分子罢了（关于政治的自由信息）！

珍：也没那么糟糕啦。不过，你看上去可不像航天工程师呀（自由信息）。

皮特：那我看上去应该是啥样呢？

珍：（吃吃地笑着）你看上去更像是公羊队的后卫。

皮特：我曾经这么觉得过，你还是个运动爱好者哪（自我表露法）。

珍：你在嘀咕什么呀？

皮特：你说得对！我有什么可嘀咕的呢？

防止受到操控的方法：向他人表露自己的担忧

向他人披露我们的个人信息，是相当有效的自主性技能，不但在社交中如此，当你和他人产生矛盾时，它也同样有效。个人的情感、烦恼乃至无知，或性格上的优柔寡断，他人都没办法通过否定或忽视你的真实感受来进行应对。

假如你不愿把车借人，他们就会来借车。你会推三阻四，捏造出很多理由，来说明你为什么在那个特定的时间，不能把车子借人，但你不会承认说（即便是对自己），要是把车子借出，你就会担心、不安，因为这其实才是最无懈可击的“理由”。就算你知道没什么可担心的，你还是会担心。以前把车子借给别人用的时候，也没发生过什么不好的事呀。但是，这样的逻辑其实并没有什么关系。你的情感可能并不合理，可它们仍是你的真情实感，我们必须尊重这些感受。

遗憾的是，我们一般并不尊重自己的情感。当有人想借车时，我们也许会分析说，自己不“应该”担心。我们没有诚实坦白地说“不行”并且不加解释，而是捏造出很多让自己听上去觉得容易接受的理由。当然，我一直强调的这种主动自我表露，是指披露那些我们想当然认为应当隐藏起来的东西：反感、忧虑、无知、惧怕等。主动地自我表露，不应当与那种毫无自尊可言、和盘托出式的忏悔混淆，后者具有不自觉、无意识和已成习惯的特征。

主动表露自身的缺点，表明自己愿意接纳这些缺点，很可能是防止他人操控、确保内心平和的一种最为有效的自主技能。

如果在你自主表露出内在的本性、你的担忧之后，他人的反应是试图让你相信，你"不应当"或无权那样想的话，你的回应就应当更加简单直接："也许是这样，不过我就是那么想的。"这是一种诚实坦率的回应，别人是不可能加以操控的。做出这种自我表露之后，跟你交流的那个人，要么必须同样诚实坦率地说出需求，要么根本就不会搭你的茬儿。

在后文的许多对话中，我们可以看到，恰当地运用自我表露法，不但可以帮你应对带有操控企图的二手汽车经销商、店员、销售员、生意人、同事、老板、朋友、邻居、亲戚、父母以及孩子，还能提高你的社交和谈话技能。

表现你的强势，要注重眼神交流

到目前为止，我谈论的大多是与他人相处的语言行为。系统性强势训练的目的，是为了呈现出一个沉着强势、善于应对与他人的矛盾、相当冷静的人。如果你在表现强势的同时，流露出别人可以察觉的焦虑，那么你的强势可能对他人产生不了影响。大家都知道，有那么一种人，口里说的是一回事，但肢体语言表明的却是另外一回事。虽然感到焦虑的那些细微之处，别人有可能无法明确地指出，但他们仍然能准确地捕捉到。

跟他人打交道的时候，最明显地暗示出你不安的线索，就是你不跟对方进行目光交流。当你把肯定的语言信息传达给对方，但同时又表现出内心焦虑的话，对方就会较多地去注意你的焦虑不安，而不会去注意你所说的内容。这样，我们向他人传达想法的机会就减少了，因为焦虑往往会被认为是一种不正常的行为，至少在西方是这样。

一般人应对非正常行为的人的模式，就是面对醉鬼的模式。大多数人都不会把一个表现不正常的人当回事。因此，对方做出的承诺通常也兑现不了，即使答应兑现，那只是权宜之计，目的是迅速摆脱掉面前这个焦虑不安的人。

“缺乏目光交流”这种最常见的焦虑暗示，属于一种习得性的逃避反应。我们是在不知不觉中，避免与他人目光交流的。在过去，假如我们在冲突中与对方进行目光交流，但又没有处理好冲突的话，对方就会让我们焦虑不安。尽管并没有意识到这一点，但为了降低这种焦虑感，我们便逐渐形成了习惯性的逃避反应，也就是把注意力从那个人身上移开，这样感觉就好多了。不看着对方，我们就不会那么焦虑。过一段时间，当我们多次用这种方法成功地消除焦虑后，渐渐就养成了不与他人对视的习惯。

由于这是一种焦虑反应，所以治疗缺乏目光交流者的方法很简单。结合前面的社交谈话训练，我还运用下面这种“恐惧脱敏”练习，来帮助人们消除目光交流带来的焦虑不安。这种练习是2人一组，每组中的2位学员相对而坐，距离约4到6英尺：“我要你们其中一位，一直盯着对方的眼睛，看能不能判断出对方在看什么。假如他看着你的脚，你很可能判断得出来。假如他看着的是你鼻子周围一个半径为9英寸的圆圈，那么你虽然能看出他的眼睛在转动，但无法判断出他真正看的是什么。现在，我要你们每组中的一个人，都按照下述顺序，看着同伴的鼻子、下巴、脖子、喉结、领口、前胸，然后再看一看，同伴什么时候能够判断出，你没有看着他的眼睛。”

（接着，学员们都按照指令去做。）

我接着说，“有人能够判断，同伴什么时候没有看你的眼睛吗——不是指他转动眼睛的时候，而是指他的眼睛不动的时候。当你和他对视，你感到有多紧张呢？用刻度从0到100的‘恐惧温度计’来衡量吧。0表示你很放松，都快睡着了，而100表示你极度紧张，快受不了了。记住你的紧张程度，然后跟完成练习后的感受做比较。现在，我要每组中的两个人，都将目光集中。我会让你们把目光逐渐从同伴的脚趾移到他的鼻子上，并在每个不同的部位停留约10到30秒。

“预备，开始：右脚—左脚—右膝—左踝—右膝—肚脐—左膝—右小腿—左大腿—肚脐—右肘—胸膛—左肩—肚脐—领口—左肘—右肩—脖子—左肩—头顶—左耳—下巴—右耳—发际—左耳—嘴—右耳—额头—左颊—右耳—鼻子—左耳—右颊—左眉—鼻子—右眉—鼻梁—左眼—鼻子—右眼—左眼—鼻子—额头—右眼—左眼—右眼—双眼—停住，保持1分钟不动。”

我还让学员自己练习，让他们和朋友、配偶或其他人一起，每星期3次，练习三周。在课堂上练习结束后，我会马上让同组的2名学员，在重复社交谈话练习的最后一部分内容的同时，练习目光交流。

大部分人都觉得，在回答问题或进行语言陈述时，很难做到直视对方。他们都发现，此时自己很难集中注意力。我建议，他们可以将目光聚焦于对方鼻子周围半径约9英寸的范围内，不盯着对方的眼睛。大多数学员都发现，回答问题时看着对方耳朵，会让他们内心不那么紧张焦虑，也不会打断他们的思路。

Chapter 6

强势应对他人的“批评”式操控

假如系统地运用我下面所说的迷惑法、否定决断法和否定询问法这3种语言技能，强势地坚持自己的权利，就会得到两个重要的结果——

1. 练习这些技能，可以让我们把因批评引发的负面性焦虑反应降到最低，无论这种批评是真实存在还是想象的，也不管它属于自我批评还是来自他人。我们的情绪反应和态度会发生内在的变化，这一点已经被临床治疗所证实。这种内在变化的最终结果就是，我们内心的矛盾冲突少了，更能接受性格中那些积极和消极的方面了。

2. 这种由批评所引发的习得性焦虑感，会让我们违心地抛开自己的意愿。反复练习迷惑法、否定决断法和否定询问法，会切断别人用来操控我们的情感牵掣，消除那些让我们下意识做出反应、甚至感到惊慌的因素。

1970年春，我还在军人管理局医院任职，当时我正在教他人（比如说一位丈夫或妻子）某种技能，使他们能应对配偶的操控性批评，这种配偶，通常都是非自我肯定型的人，也许还很爱唠叨。我发现，受到批评的人往往变得很有防人之心，并且都拒绝接受批评。

比如一位很爱唠叨的妻子，从小就被教育说，她的需求必须有正当理由，必须“经得起法律的检验”，甚至是必须经得起宗教道德的检验。跟其他心理上已经习惯循规蹈矩的人一样，她也很难给出什么符合逻辑的、合理的理由，来证明人生中的许多需求是正当的。她从小已经习惯于：如果她想要什么东西，就必须给出一个理由。假如丈夫做了什么事，使得她无法去做自己想做的事（比方说他只是待在家里修修车子，而不是带她出门拜访朋友），因为她没有强势的办法来应对，就只好将自己那种武断而带有操控性的结构强加给丈夫，指责他没有按照这种结构来行事。

再比如说，丈夫要是想修车，他就得有理由来“证明”自己有理，否则就该被指责。就像我奶奶过去常说的：要是成心，你总能找到别人的缺点，就像鸡蛋里挑骨头。所以，在与他人交往时，操控性地批评他人的现象屡见不鲜。

我们只需将自己的武断性结构强加在人际关系上，就可以轻而易举地找出事情来加以批评，这种结构无非就是简单地说明对错规则，说明事情“应当”是个什么样子罢了。大家经常把自己的操控性结构强加给对方，而大多数人也都习惯于接受强加的结构，甚至会从心底里信任这种结构。

一位非自我肯定型的妻子，可能会指责丈夫令她不高兴的行为，说：“整个周末，你都围着那辆破车转，简直是浪费光阴！”她试图强加于夫妻关系和丈夫行为上的那种武断性结构就是：整个周末放松放松、修修汽车是不对的。

事实上，这种武断性的对错结构，与修车与否无关，只是与丈夫没陪她出去串门有关。为了满足自己的需求，而去批评、指责丈夫，这种做法带有操控性。她这样做的原因，还是在于不强势。她无法提供充足的理由，无法说明拜访朋友的愿望是正当合理的。

如果那位受到指责的丈夫，不自觉地接受了这种武断性结构（他的休息和率性是“不对”的），那么，他也会不自觉地承认妻子的指责中肯、合理。

由于大多数人犯错时都会习惯性地焦虑、不安或内疚（因为犯错“不对”），所以受到批评指责的那一方，多半就会利用逻辑、说理甚至是针锋相对的指责，来否定事实。

比如丈夫会说：“我才没有整个周末都摆弄汽车。昨天吃中饭的时候，我都没想过要干这个呢！今天下午，我还打了 1 小时的盹儿。况且，有什么话你应该说出来呀。我不在家的时候，你整天就知道守着电视，看愚蠢的肥皂剧！”如果进行这种回应，往往会招来更多的指责，从而导致“指责—不承认错误—继续指责”的恶性循环。随着恶性循环不断升级，通常一方就会生气，进而攻击对方，或走开不理睬对方。

在出现妻子这种非强势指责的情况下，除了自卫和不承认过错，还需要有其他应对方法，才不会破坏双方关系。有效的应对方法，应当包含下面几个重要的点：

1. 这种应对行为应该让你学会区分——（a）他人所说的、与你的行为相关的事实（你总是在摆弄你的汽车）和（b）他人未明说，但暗示你“错了”，从而可能强加于你的武断性对错结构（放松放松是“不对的”）。

2. 这种应对行为应该训练你，当对方批评你时，你能够泰然处之。对方通常不会明显指出哪里“对”哪里“不对”，只会通过指责表明你的某种行为“不对”（你整个周末都在摆弄汽车）；这种应对行为也会让你不再焦虑，因为你根本就没必要去应对这种批评，只需对他人所说的事实做出回应就行了（说得对，我的确经常摆弄汽车）。

3. 这种应对行为，应该让你学会泰然面对下述情形：他人把自身人生的武断性结构强加于你，把你的行为理解为错误的（周末你围着汽车转是不对的）；让你不会对这种批评焦虑，因为你不需要接受对方的武断性结构，相反，你倒是可以深入探究对方的这种结构，问问他/她，你的行为有什么错（我不明白，我经常摆弄汽车有什么错呢）。这样，既可以防止他人利用操控性结构，还可以鼓励对方明确说出想法："好吧，我想要的是咱们一起去拜访朋友，不想整个周末都待在家。"

4. 这种应对行为，应该让你学会区分——（a）他人所指出的、与你的过错相关的事实（你又忘记拧上牙膏盖儿了）和（b）对于你的行为事实，他人可能附加的武断性对错结构（忘记拧上牙膏盖儿是“不对的”）。

5. 这种应对行为应该让你学会面对过错，而不因为过错而被人操控。尽管这些过错会导致效率低下、造成浪费、常常徒劳无功、愚蠢气人，需要加以改正才行，但你也只需要说："说得对，我又没盖上牙膏盖儿，真是愚蠢[a]。"

我所开发的系统的自主性语言应对技能——迷惑法、否定询问法和否定决断法，可以帮助人们应对操控性批评。让我们从迷惑法开始，依次来看一看这 3 种语言技能。

表现强势的技巧五：迷惑法

我常常告诉人们，不要拒绝接受批评和指责（那样做，不过是以牙还牙罢了），不要戒心重重，也不要用批评指责来反击。我一开始就给病人设定了一个比喻，让他们用这种方式来应对批评——我让他们把自己当作

a 作者注：其他可选的词还有——没用、浪费、徒劳无益。

“雾区”，因为雾区在许多方面都值得我们学习：

· 雾区很持久；

· 我们无法清晰地将它看透；

· 雾区不会阻挡我们对它的深入洞察；

· 雾区不会反击；

· 雾区没有坚硬、带有攻击性的外壳，要是向它投掷石头，石头不会反弹回来，所以我们无法捡起同一块石头，再次投向雾中；

· 我们可以把石头扔进雾里，雾区却丝毫不会受影响。

这样一来，大家自然不会再试图去改变这一持久坚韧、独立自主、无法操控的雾区。同样，在受到批评和指责时，你可以强势地应对，方法就是不抵抗，不给对方以坚硬的、心理上的攻击性外壳，不给批评和指责提供借力的地方。

有关迷惑法，我还起了其他一些名称，比如“承认事实”“原则上同意”或“承认可能性”等，以便更具体地描述这种技能。可是，我最初提出的“迷惑法”这一临床术语，似乎产生了某种永久性的效果，尽管我们可能用到多种不同的方式，来强势地坚持自己的权利，而这一术语也并不足以描述所有方式，但我的同事、研究生一直在使用它。

迷惑法的应对方式有以下 3 种：

1. 当他人对你进行指责时，你可以承认他所指出的任何事实（承认事实）。

比如，若一位溺爱过分的母亲，即便女儿已经长大离家，却仍然想要事事都管着女儿，那么，女儿就可以运用强势语言技巧的迷惑法，来应对母亲的批评和指责——这种批评指责，是暗示或表明女儿做得不对——就像我的一位病人莎莉那样做：

母亲：莎莉，你又很晚才回家。昨晚我到12点半，还给你打过电话呢。

莎莉：是的，妈妈，昨晚我又回来得很晚。

2. 当他人对你进行指责时，你可以承认他所指出的任何可能的事实（承认可能性）。

在这个例子中，如果母亲直接指出莎莉哪儿不对，以此来进行批评的话，那么莎莉仍然可以运用迷惑法来应对：

母亲：莎莉，要是你经常这样很晚才回家，你可能又会生病的。

莎莉：您也许说得对，妈妈（或“很可能会那样的”，或“您说得对，妈妈，要是我少出去点儿，很可能会多睡会觉”）。

3. 当他人想用逻辑性的言语来操控你时，你可以同意他所指出的基本事实（原则上同意）。

在这个例子中，假如妈妈坚持要将自己的人生准则强加到女儿的生活方式上，那么，莎莉可以继续运用迷惑法：

母亲：莎莉，你是知道的，对于一个想要找个好男人、想要结婚的年轻姑娘来说，漂亮的容貌非常重要。如果你总是很晚回家，睡眠不充足，气色就会不好。你不想那样，对不？

莎莉：您是对的，妈妈。您说得很有道理，所以，等我觉得有必要的时候，我会尽早回家的。

在上述例子中，莎莉这位女儿显然在外面很吃得开，所以她还添加了一些带有目的性的话语，以摆脱母亲的约束，比如："……不过，我要是你的话，就不会因为担心我而自己睡得这么晚。""……我现在倒是希望经常晚回家呢，因为很多男人都想和我约会。"

关于迷惑法的实践练习是这样的：我会让 2 名学员或患者结成对子，其中一方练习迷惑法，另一方则扮演吹毛求疵的批评者。练习迷惑法的人接到的指令是，运用承认事实、原则上同意或承认可能性等方法，同意所受的任何批评。而批评者接到的指令是，用否定性的话语，从批评学员的衣着、态度开始，最后逐渐发展到批评学员的道德品质、性习惯，以及其他最令人无法忍受的方面。待他们角色互换结束练习后，我会逐个单独会见学员，试图淡化角色扮演中的批评和现实生活中的批评的差异。

我这样做，目的是让学员降低因批评引发的焦虑反应。我并没有明确说出意图，而是让学员迅速将练习中的一小段重演一遍，并且插入不切实际的评价，比如："你能做得更好；那不太好吧；你看上去不擅长学习；你的同伴似乎比你更擅长；也许你需要深入分析一下自己的性格，而不是上这种课程"……诸如此类的话。当学员能够做到习以为常、波澜不惊的时候，他们通常都会一边回答，一边莞尔微笑，至少会眼睛一亮。

此时，我通常会忍不住捧腹大笑。起初本是令他们焦虑不安的练习，最终却变成了一次乐趣无穷的经历。真是矛盾啊：别人批评你，可你却觉得有趣。用这种方法，学员们通常都学得很快，因此我会时不时地改一改安排方式，让 4 名学员一起练习——其中 1 人练习迷惑法，1 人负责批评，另外两人当观察员。在练习的前半部分，由 2 名观察员对练习迷惑法的人进行指导。在后半部分，他们又得去指导批评者，帮他多想出一些令人受不了的损人的话。

对话 4. 学员在课堂上运用迷惑法，应对别人的批评

对话场景：2 名学员在课堂上练习迷惑法。

批评者：我看到，你跟平常一样，又穿得邋里邋遢。

学员：说得对。我穿得跟平常一样（迷惑法）。

批评者：瞧瞧你穿的裤子，就像刚从洗衣机里偷来的，熨都没熨过！

学员：裤子有点儿皱皱巴巴，对吧（迷惑法）。

批评者：“皱皱巴巴”太轻描淡写了吧。简直是丑陋透顶。

学员：你也许说得对。裤子看上去确实有点儿不适合穿出来（迷惑法）。

批评者：再瞧瞧你的衬衫！你的品味一定不怎么样。

学员：也许是这样。我在衣着上的品位并非是我的强项（迷惑法）。

批评者：穿成这样的人，显然不会有太多长处。

学员：你说得对。我确实有很多的缺点（迷惑法）。

批评者：缺点！它们更像是缺口！你的性格，简直就是空无一物的大峡谷[a]！

学员：你也许说得对。我还有许多可以改进的地方（迷惑法）。

批评者：要是你连衣服都穿不好，我还真怀疑你能不能干好工作。

学员：是这样的。我可以在岗位上改进我的工作（迷惑法）。

---

a　大峡谷：Grand Canyon，此处指科罗拉多大峡谷。它是美国亚利桑那州西北部科罗拉多河流经的深谷，是世界陆地上第二长的河流峡谷（仅次于雅鲁藏布大峡谷）。

批评者：而你很可能还每周都领着薪水，剥削你那可怜的老板，一点儿也不内疚。

学员：你说得对。我一点儿也不感到内疚（迷惑法）。

批评者：这是什么话。你应当感到内疚才是！

学员：你也许说得对。我可以感觉内疚一点儿的（迷惑法）。

批评者：你大概也不会好好安排你从别人那儿骗来的薪水，他们都是些辛勤工作的人，不像你那样游手好闲。

学员：你也许说得对，我可以更好地安排开支，而我也确实经常无所事事（迷惑法）。

批评者：要是你聪明一点儿，还有道德是非感的话，你可以去问问别人，买些好一点儿的衣服，这样你就不会像个叫花子了。

学员：是的，我可以问问别人，怎样才能买到更好的衣服，而且，我当然也可以变得比现在更聪明（迷惑法）。

批评者：我跟你说这些你不喜欢听的话，你看上去很紧张呀。

学员：是的，我看上去的确很紧张（迷惑法）。

批评者：你不应当感到紧张呀，我是你的朋友。

学员：是的，我不应当像现在这样紧张（迷惑法）。

批评者：大概也只有我，才会跟你说这些呢。

学员：是的，这一点你说得真对（带有讽刺重点的迷惑法）！

批评者：你这是在挖苦我呀。

学员：对的，我刚才是挖苦（迷惑法）。

批评者：你到这里来，不是为了学习挖苦讽刺的，这一点你很清楚！你这是在故意抗拒学习迷惑法。

学员：你说得对，我已经知道如何去挖苦讽刺了，很可能我是在抗拒学习新知识（迷惑法）。

批评者：只有蠢货才这样干。

学员：你也许说得对，那样做，我可能是很愚蠢（迷惑法）。

批评者：那你永远都学不会。

学员：你也许说得对，我可能永远都掌握不好这个（迷惑法）。

批评者：你又在挠耳朵。

学员：是的（迷惑法）。

批评者：我一说出来，你立马就把手拿开了。

学员：是吗（迷惑法）？

批评者：看来，我指出这个事实，让你又紧张起来了。

学员：我想你说得对（迷惑法）。

批评者：你呀，真是无药可救了。

学员：你也许说得对（迷惑法）。

批评者：还有，你这理的都是什么发型啊？像是那些脏了吧唧的嬉皮士发型。

学员：是这样的。可以理得干净整洁得多，对吗（迷惑法）？

批评者：你大概乐意像他们那样生活吧，永远都用不着洗漱，整天颠鸾倒凤。

学员：可能你说得对。我也许是该考虑考虑那个（迷惑法）。

批评者：你大概也很欣赏他们干出的那些性变态行为吧！

学员：有道理。你可能真说到点子上了（迷惑法）。

批评者：在我看来，你就像是这样一种人，根本用不着去跟嬉皮士学习性变态。很可能你早就了解了。

学员：是的。我终生都在研究性呢（迷惑法）。

批评者：是呀，不过从你那双发光的眼睛我看得出，你早已付诸实践了呢。

学员:(这次笑得合不拢嘴)也许你说得对(迷惑法)。

批评者:别人说你好话的时候,你可不该咧着嘴笑。

学员:是的,我不该笑(迷惑法)。

批评者:你只会附和我。

学员:说得对(迷惑法)。

批评者:听上去你真像是条应声虫,毫无骨气,毫无性格。

学员:听起来我确实那样,不是吗(迷惑法)?

批评者:你不是听起来像条应声虫,你就是一条应声虫!

学员:也许你说得对(迷惑法)。

批评者:你又来了。

学员:是的,我又这样了(迷惑法)。

批评者:我觉得,你除了说"是",说不出别的什么了。

学员:我当然明白你为什么这样想(迷惑法)。

批评者:好吧,你说一声"不",认真一点行不行?

学员:也许吧(迷惑法)。

批评者:难道你不知道怎么说?

学员:这个就得看情况了,不是吗?

可以看出,在这个对话训练中,练习迷惑法达到了几个目的。首先,这种练习迫使学员要仔细听清批评者说的话。比如,要是批评者说:"你听上去像是……",那么学员应当这样回答:"你说得对,我听上去确实像是……"要是批评者说:"我觉得,你……"学员则应回答说:"看得出来,你确实觉得……"或说:"我能理解,你为什么会认为……"

那些刚入门的学员,学习的只是回答批评者明确说出的话语,而不必回应批评者的言外之意。这种方法,能够指导初学者变成一个善于倾听的人。不用去猜批评者的心思，不用为了顺应初学者的不安全感，而去理解对方的意思，我们每个人的内心深处，都存在着这种自我怀疑和不安全感。

此外，这种练习还迫使学员考虑所谓的种种可能性——你不是绝对必赢的，事情也不是只有对错、黑白那样简单。他的头发，很可能的确不干不净，他的性行为（或没有性行为），很可能两头不讨好，被色情狂和禁欲主义者都视为变态。总之，不管是什么样的批评，其中至少都会含有少量事实，而事实的多少，则取决于他人站在什么样的相对立场，来看待受批评者的行为和性格。

在练习迷惑法的过程当中或过后，时不时地，至少会有一名敏锐的学员，提出这样的问题：“要是有人跟我说的不是事实，我又怎么能够赞同呢？我可不愿意在自己的问题上说谎！”照我的经验来看，这类问题产生的原因有二：要么是因为批评太过切中要害，从而让人感到不舒服；要么就是因为学员缺乏整体的强势，需要极力坚持自身正面的东西，忍受不了任何的中伤诽谤。

跟这些学员一起学习时，我常这样说：“要是有人跟你说，你离地三尺悬在空中的话，你该怎么办呢？事实上，你正稳稳当当地站在地上。眼见为实的时候，你肯定不用反驳，只会大笑。可是对于那些并不绝对、并不好证明的事实，又该怎么办呢？假如有人说你笨，你该怎么回答？你不笨，对吗？（此时，学员们往往都会摇头否认）哦，那么恭喜大家！你们都很幸运，因为本人就很笨。有时我会干很傻很傻的事，别的时候我又很聪明，不过大多数时候都笨。再说，跟什么人比才是笨呢？跟爱因斯坦和奥本海默[a]比起来，我不过是一个乡下白痴。所以，要是有人说我笨，我会欣然同

---

a 奥本海默：J. Robert Oppenheimer（1904~1967）。美籍犹太裔物理学家，曼哈顿计划的主要领导者之一，被誉为“原子弹之父”。

意的。所以，我会倾听别人对我各方面的评价，让他们说去吧。毕竟，他们有可能说对，但与此同时，我仍然有着自己的判断，去做我决定要做的事情。”

有名学员对此穷追不舍，便跟我有了下面这段简短对话：

学员：您知不知道您智商的具体分数是多少呢？

我：知道啊。

学员：是不是高于正常值，高于100呢？

我：是的。

学员：那么，要是我这样说：“您的智商远低于正常值，还抵不上半个白痴！”您又如何用迷惑法来回答我呢？

我：很简单啊。我会说：“您那样想，我并不惊讶。有时我的脑子很不灵光，以至于我都怀疑智商主考官搞错了呢。”

学员：我们再试试别的办法。您是同性恋吗？

我：我觉得不是。

学员：换种方式来说吧。您信奉同性恋吗？

我：不信奉。

学员：那么，假如我说：“您是我见过的最为娘娘腔的男老师了。您把这儿的一切都搞得女里女气的！”您又怎么能够同意我的话呢？

我：还是很简单呀。我可以说：“您也许说得对。我也想知道，这是不是就是原因所在，使我如今不像以前那样性欲旺盛了呢。17岁的时候，我心里时时刻刻都想着性爱。可现在不是了。”我并非完美无瑕哦，还想再试一次吗？

在我示范时，有的学员会问：“您运用迷惑法时，到底是不是真心诚意地赞同我的批评呢？”回答这种问题，我喜欢启发学员：“真心诚意就是真心诚意，怎么可以说别人没诚意呢？”或像我的同事弗雷德·谢尔曼那样，他在圣迭哥上课时，学员也问过同样的问题，他经常这样回答：“这个真的有关系吗？”

会提出这种问题，是因为提问的学员执着于逻辑，执着于其他所有可以用来操控人、让人无法我行我素的外部制度。

显然，在所有的语言技能中，迷惑法是最为学员广泛接受的一种，至少对我来说，从我指导数百人的经历来看，显然是这样。最近，我遇到了一名以前的学员，他是一位物理学家，在加州理工大学的喷气推进实验室工作，他跟我讲了一个很好笑的故事。

遇到他之前的那个晚上，我刚给加州理工大学的学生做了一堂自主语言技能的入门示范讲座。第2天，这位物理学家注意到，实验室里的一名实习生整个上午都在到处溜达，并且不管别人跟他说什么，他都一概用迷惑法来回答。他一直热情高涨，不停地说着“您也许说得对”，以此来回答任何事情，包括像“您要喝咖啡吗？”这样的话。由于这位物理学家听到我在课堂上描述过，这个学习阶段就是典型的“磨刀霍霍、跃跃欲试”的阶段，并且他自己也亲身经历过，所以他知道我是能理解其中固有的幽默之处的。随着他的描述，我还了解到了这名学员撩拨其他员工对他进行批评、好让他练习迷惑法，而我的脑海中也出现了种种愚蠢的幻想。尽管觉得对不住加州理工大学实验室里那些优秀的员工和学生，但我还是忍不住想象着，那名实习生正在对一位气得七窍生烟的教授说：“您说得对。您趴在原子离心器上时，我不该捅您的屁股。”

这位物理学家眼中闪烁着顽皮的神情，也带着些许同情那名迷惑法新手的神色，对我说，当时他很想走上前去，对那名毫无察觉的实习生说：“哈利，我注意到，今天上午你说话时，一直在不停地运用迷惑法。难道你不觉得，你可以等别人操控你的时候再这样吗？”但出于对这名学员所处状况的认同感，他控制住了自己，没有那样做。物理学家仍然记得，自己初次变得强势，学会与他人打交道时，内心有多么的激情澎湃。尽管并非出于私心，但他还是希望能听到那名新手的回答：“您的意思是，您早就知道这个？”并且他也回应瞠目结舌的新手说：“当然啦。迷惑法嘛，地球人都知道。你现在才知道？”我一边欣赏着他这种幽默感，一边问：“您凭什么认为，他不会简单地回答说‘您也许说得对。我大概练习过度了’呢？”

这种方法所独有的半严肃、半搞笑的气质，恰恰也反映了迷惑法的另一项功能——那就是，让学员在面对自己曾经怀疑过的那些个人品质时，既不会内心不安，还能意味深长地自嘲：“那又怎么了？我还是能很好地处置我所拥有的东西，并且我还是能工作有效、生活幸福呀。”

系统的迷惑法练习所带来的，不仅是形式上的应付，而是认知上的理解——你可以赞同批评者的意见，在回应针对个人的刺激性批评时，减少我们那种习惯性的、令人纠结的焦虑反应。

表现强势的技巧六：否定决断法

就在我致力于教授迷惑法时，我越来越清晰地意识到，这些人也会因为他们应对普通事情的能力下降，而犯下种种错误。为了能够强势起来，与他人和谐共处，他们还得学会应对自己所犯的错误，这样，当别人针对错误进行恶意的批评和指责时，他们的情绪才不会失控。

随着我开始在非临床环境下指导一些不自信者，我渐渐发现，许多人都同样难以应对日常生活中所犯的错误。一名初学者曾问：“如果有人批评我犯错，而这又是一个真正的、百分之百的过错，我内心愧疚得很，那么这种时候，我怎样才能用不同的方式来应对，同时还保持强势和自尊呢？”假如你跟这位学员一样，要想更现实地应对人生中犯的种种错误，你就得学会在面对错误时，改变自己的语言行为，并且改正“内疚必然与犯错相关”这一习得性的观念。

要是不能强势地应对自己犯下的错误，其他人就可能利用你的内疚和焦虑来操控你，让你——

1. 因犯下错误而寻求他人宽恕，并且寻求用某种方式进行弥补；

2. 用自我保护的心态和反批评的方式拒绝承认错误，从而使你把批评者当成出气筒，咄咄逼人地向他们发泄情绪。

无疑，这两种应对方式都很差劲，事后你的心情也会更加糟糕。

大多数人在面对过错时，首先必须改变语言上的应对行为，然后才能从情感上变得不那么敏感，去面对他人（或自己）可能提出的批评。一旦通过行为改变实现了这种情感改变，“内疚出于过错”这种幼稚的观念，自然就会改变。

那么，怎样强势地应对自己犯的过错呢？最简单的办法就是，在谈论犯错的时候，只把它们当成过错，既不夸大其词，也不轻描淡写——过错只是过错。用系统性强势训练的术语来说就是，你得强势、自信地接受自身的负面事物。

我利用否定决断法，帮助了很多人学会应对自身的过错或缺点。当你有了过错，面临他人的指责，并且他人可能还带有敌意的时候，你可以按照下述方式，强势地接受“你犯了错”这一事实。

假定你已经答应同事，上班时将一份参考文件留在办公桌上，这样你的同事在周末就可以用到。可下周一的上午，这位朋友找到你，问这份文档上哪去了。你这才记起来，上周五的晚上，你把文件锁在了柜子里。此时，你还能说什么呢？如果用否定的方式坚持自己的权利，你就会这样说："哦，天哪！我忘记把它留在办公桌上了！瞧我干的这事，简直是愚蠢至极！我真是脑残！现在你打算怎么办呢？"然后就看你的同事的接受程度如何了。你可以翻来覆去地说，直到他认识到：指责你犯错毫无作用，因为指责不会让时光倒转，不会在他需要用的时候变出那份文件来。

在工作上，向他人学习新的概念、技能、语言的过程中，或在社交场合下，当别人针对你的表现有根有据地批评你的时候，你可以利用否定决断法来灵活应对：

对方："你在……[a]上做得不是很好"（批评）。

你："你说得对。我在处理那个的时候不太机灵，对吗"（否定决断法）？

即便是受到他人批判性的表扬，我们也可以用否定法坚持自身的权利：

对方："希茜，你这姑娘年轻、身材又好，走起路来却像是个后卫"。

你："我已经注意到了。我走路的样子的确很可笑，不是吗"（否定决断法）？

或

对方："苏，你不应该剪掉头发的。现在这发型一点儿都不适

a 作者注：此处省略号可以是很多事，如——理解那个、掌握那个、翻译那个句子、利用那个工具、干那件活儿、给南茜留下好印象……

合你”。

你：“瞧我干的这傻事，妈妈。我自己也不喜欢这样”（否定决断法）。

或

对方：“天哪，康妮！那套新衣服让你看上去就像是装嫩[a]！”

你：“我也担心过呢。这些新款式根本就不适合我，对吗”（否定决断法）？

有一点一定要记住，这些语言上的强势技巧，是帮助你应对社交矛盾的，不是帮你应对肢体冲突或法律冲突的！要是有人指责说：“刚才你倒车，轧着我的脚了，”此时恰当的回答就不是：“我真傻！”而应当是：“这是我保险公司（或律师）的电话号码。”

在运用否定决断法回应批评时，应视批评者的固执程度，来决定是否还需要运用其他方法，比如迷惑法和否定询问法。

不管是表扬还是批评，对强势的人来说，都一样

那些无法强势地应对批评的人，好像也做不到强势地应对表扬。乍看起来，这似乎有点自相矛盾。假如说我们是被逼无奈才去应对批评，那么，接受表扬、将表扬当成解脱负面评价的心理安慰，似乎理所当然。可惜事实并非如此。受到表扬或恭维的时候，我们一般都会结结巴巴、喃喃而语，样子和行为都显得不好意思，也可能手足无措，迅速地顾左右而言他。

---

a 装嫩 · mutton dressed up like lamb。口语，指做年轻女性打扮的中年或老年妇女，相当于汉语中的“老黄瓜刷绿漆”。

这种不恰当的应对，并不是出于谦虚。它源于儿时习得的幼稚观念——认为他人是我们行为的最终评判者。而从另一方面看，如果在思想、情感和行为上都很有主见，我们就会把评判自身行为的最终权利掌握在自己手中，即便是评判那些值得肯定的自身行为。强势的态度，并不会使你耻于接受恭维和表扬，而会让你变成最终的评判者，去评判这种表扬是否准确。

例如，当他人由衷地恭维你会选衣服的话，你可以这样回答："谢谢你。我也觉得这衣服我穿很好看。"——承认事实；另一方面，如果怀疑这是一种带有操控性的阿谀之辞，你可以这样回答："事实上，我很不解。这衣服有什么，使它穿在我身上这么好看呢？"——肯定询问法。对于他人恭维你时提到的某事、某种行为或成就，如果你内心喜忧参半，那么就可以表露出真实感受："多谢夸奖，不过我自己都不知道，这到底有多好呢。"在应对他人的肯定之辞时，可以灵活运用应对负面评价时的言辞，但基本的自主态度并无二致，那就是——

只有你，才有权对自己的一切做出最终的评判。

PART 3

如何在日常生活中运用强势

要想真正在日常生活中熟练、自如地运用强势技能，大量的练习是必不可少的，好在，实战练习的机会随处可见：生活中存在无数与人交往的场景，无论是与陌生人，还是与亲人、朋友，甚至在夫妻间、情侣间，都可能产生矛盾与困扰。把握强势的核心法则，活用上面谈到的多种语言技巧，你一定能取得主导权，实现自己的真正意愿。

Chapter 7

鼓励你最亲密的人，别被“是非对错”操控

当一些跟你只是建立了社交或商务关系、并非很亲近的人，操控性地批评你的时候，用迷惑法应对，效果很不错。迷惑法不仅可以让你对批评不再那么敏感，事实上还能减少他人批评你的次数。

运用迷惑法，会在你和对方之间迅速建立起一种心理界线。不过，这是一种消极的技巧，并不会让你所应对的那个人不再操控你——你真正想要达到的效果，是让对方变得强势。

假如你面对的是关系亲密的丈夫、妻子、父母、家人或密友，那么，运用我下面要介绍的“否定询问法”这一语言技能，就可以使对方也变得强势。跟学习迷惑法一样，在运用否定询问法时，你不能用否认、辩解或用针锋相对的指责，来回应对方的批评。

相反，你应当打破这种带有操控性的恶性循环，用一种不带情绪的、克制低调的态度，强势地鼓励对方进一步提出批评，或鼓励批评者详细说明“过错”的细节。

顾名思义，“否定询问法”这一技能，就是让你更多地去询问你自身可能存在的负面因素。

表现强势的技巧七：否定询问法

为了理解否定询问法这个概念，让我们先来看一看两句相似的话语之间的差异，它们都是用于回答批评的。假定这两句话是回答你妻子（或你丈夫）的批评时说的：

1.“我不明白，我去钓鱼有什么不好呢？”

2.“你凭什么觉得钓鱼不好呢？”

前一句话，是一种强势而没有辩解之意的否定询问法回答，它没有指责配偶，而是鼓励她进一步提出批评意见，同时也审视她自己在遇到矛盾时所用的对错结构。而第二句话则有很强的自辩意味，将双方的注意力从你身上转移到了妻子身上。第二句话很容易被理解成，你在挖苦和贬损她。虽然看上去意思相同，但这两句话却有天壤之别。

用第一句话来回应对方，实际上是在指着自己的鼻子说：“咱们来看一看，我做了什么错事，或者说，做了什么让你不喜欢的事吧。”你的举止，还表现得好像批评并不让你心烦。可是第二句话是你指着妻子（或其他批评者）说：“你算老几，要你来跟我说？”

如果你问了“我去钓鱼有什么不好”之后，妻子提出了一些“合理”或“充足”的理由来说明钓鱼不好，比如“钓鱼会让你头疼……”“钓鱼让你身上臭死了……”“钓鱼会累坏你的……”，那么你仍然可以进行否定询问：“我不明白。为什么钓鱼后头疼就错了呢？”坚持不懈地运用否定询问法，要求妻子详细说明诸如“钓鱼会累坏你……”这样的批评性言语，你就会压制住她，使她不再说出操控性的话语，而妻子则更有可能强势地坚持主题，说出钓鱼这件事最让她不舒服的地方：“你要是累得很，那我们晚上就不能出去看电影（或做爱、串门、逛街等）了。”这样，你们产生矛盾的关键问题就摆到了明处，就可以由你们二人一起强势地解决了：达成某种折中方案，使你可以钓鱼，而她也能达成心愿（前提是你不会惊慌失措，不会再用否认、辩解和反击的老办法）。

在最佳情形下，首次运用否定询问法的结果，会是对你妻子所持有的武断性对错结构——头疼不对，累不对，身上有味儿也不对——的一种考验，她试图强加给你，对你进行操控，而不是果敢地坚持她自己的意愿：晚上除了钓鱼和待在家，她还想干点儿别的。而最理想的结果是，妻子不再利用这种强加于婚姻之上的对错结构来操控你，而是开始强势地在你面前坚持她自己的意愿。

不过，要是她没有说出意愿，没有强势地回应，那么最糟糕的就是形成僵局，让她暂时不会再对你提出操控性指责。就算运用否定询问法没有最佳效果，仅仅是中止了妻子的批评，那么，你还是可以运用否定询问法来打破僵局，促使妻子强势起来。

比方说，你可以进行（否定）询问：“我真的不明白。除了累人、腥臭、头疼之外，肯定还有其他原因吧？你究竟不喜欢我去钓鱼的哪些方面呢？”在这种不带指责意味的言语鼓励下，妻子就更有可能告诉你，周末她想干什么，这样，就可以找出对双方都有利的折中方案了。

可惜，许多存在争议的行为，都源于这种很常见的、利用对错结构的应对方法。在前来治疗的众多夫妻中，通过操控彼此的生活方式而导致矛盾的例子，有着装习惯、干净与否、不守时、算账太精、付账不及时、社交调情、家务分工、看护子女的责任等等。在这些领域中，凡是利用对错结构进行的操控，都可以通过否定询问法加以消除，双方都可以就个人的好恶进行真正的协商，从而达成可行的折中办法。

否定询问法的背后，包含了一种非自卫性的概念，你可以用下面这段对话来理解和练习。在练习中，其他学员会针对某位学员进行非情境式的批评，该名学员已经接受过指导，所以能够运用否定询问法来恰当地作答。

跟迷惑法训练一样，批评者首先会贬损该学员的着装习惯，因为这是大多数人都能忍受的话题。当这名学员能够不否认、不辩解或不咄咄逼人地反击，而是运用否定询问法来应对之后，批评者就会逐渐将批评转向更涉及个人的方面，比如长相、个性和“道德”品质。这段标准的训练性对话，一般会持续 10 到 15 分钟，而且每周都在课堂上、集体治疗中和家庭作业中（与朋友一起）重复进行，直到学员学会不再下意识地用辩解来回答为止。

与运用迷惑法一样，我会要求学员在运用否定询问法时，不要附加挖苦讽刺的言语，初学者是很容易犯这种毛病的。挖苦嘲讽是一种露骨的语言攻击，会引发批评者的交互式攻诘反应，极有可能使交流终止，甚至有可能终结双方的关系。

莎伦是我的一位病人，她在集体治疗时明显黑着眼圈，说：“我早该听您的话，就不会吃苦头了。现在才明白，原来对男朋友不能冷嘲热讽地运用迷惑法或否定询问法。”

对话 5. 贝丝运用否定询问法，应对别人的批评

保罗：贝丝，今天你可不太好看呀。

贝丝：你是什么意思呢？保罗。

保罗：哦，我注意到了你今天的样子，不太好看。

贝丝：是我不太好看呢，还是我穿衣服的问题呢（否定询问法）？

保罗：哦，你的衬衫不太好看。

贝丝：衬衫哪儿不好看呢（否定询问式回答）？

保罗：哦，看上去似乎不合身。

贝丝：你是不是觉得它太宽松了（否定询问式鼓励）？

保罗：嗯，也许是这样吧。

贝丝：衬衫的颜色怎么样，是不是这颜色让我看上去很搞笑呢（否定询问式鼓励）？

保罗：这颜色不太好看。

贝丝：除了颜色不好，还有别的地方吗（否定询问式鼓励）？

保罗：没有了，就是颜色。

贝丝：我的裤子呢？裤子看起来怎么样（否定询问式鼓励）？

保罗：不太好看。

贝丝：裤子哪儿不好看呢（否定询问式回答）？

保罗：裤子看上去就是不合适。

贝丝：裤子的颜色怎么样呢（否定询问式鼓励）？

保罗：不好，颜色不正。

贝丝：裤子的式样怎么样（否定询问式鼓励）？

保罗：看起来很肥大。

贝丝：还有别的什么让我看上去不对劲呢（否定询问式鼓励）？

保罗：哦，你的话太多啦。

贝丝：让我想想。我说得太多了（否定询问式鼓励）？

保罗：你总是抓住一件事情，不停地说呀说。

贝丝：你是说，我会没完没了（否定询问式鼓励）？

保罗：是的，就是这样，你只是不停地说呀说，不会接受我的意见。

贝丝：哦，现在我得弄明白这个才行。你是说我不听你说的话（否定询问式鼓励）？

保罗：我是不是跟你说了什么，你似乎根本就不在意。

贝丝：听上去你是在说我感觉迟钝，对吗（否定询问式鼓励）？

保罗：是的。你感觉迟钝。

贝丝：除了感觉迟钝，我还有别的什么缺点吗（否定询问式鼓励）？

保罗：有，你看上去有点儿与众不同。

贝丝：我的行为哪些地方与众不同呢（否定询问式鼓励）？

保罗：你现在的行为就是。你现在所做的，就是完全与众不同呀。

贝丝：你能跟我更详细地说一说这个吗（否定询问式鼓励）？

保罗：不，我觉得不能。

贝丝：哦，等下次我们再聚的时候，也许你就想说一说了，好吗？

保罗：好吧。

在应对正式的商务人际冲突时，否定询问法有时会有用（尤其是把它与其他自主性语言技能组合运用的时候），但它在平等关系和亲密关系中更有用：

1. 它让你对在意的人提出的批评不再那么敏感，这样你就可以听取意见；

2. 它让这些人不再一遍遍地提出操控性的指责，这样就不会逼得你火冒三丈；

3. 它使这些人在与你相处时少用对错结构，还能鼓励他们强势地说出心中所想，这样，就可以找出对双方有利的折中办法。

对话 6．波比运用否定询问法，应对别人的操控

波比是一位住在郊区的家庭主妇，在参加自主培训时，她提供了一个只用否定询问法来应对邻里矛盾的极佳例子。由于她缺乏自信，也没有孩子，又不想让自己太空虚，所以波比承担了全部家务，而丈夫则从事会计工作，并且干得很成功。学会了“我是一张坏唱片”法、迷惑法和否定询问法之后，波比对运用否定询问法尤为感兴趣。练习后的第二个星期，她就向我报告了下述一段简短对话，这段对话发生在她与隔壁邻居乔治之间。

几个月来，乔治一直都说要在后院修游泳池，这样他就可以裸体晒日光浴了。每次他跟波比说起这事儿，波比都回答：“太好了。那样您就能有一身超级健康的肤色了。”波比觉得，从乔治的反应来看，他所期待的并不是这句话。

对话场景： 波比正沿着两家房子之间的公共铁丝网篱笆（两家分摊费用修的）修剪玫瑰花丛，邻居乔治从篱笆那边向她走来。

乔治：我打算很快就把这些花丛都挖掉。这道篱笆还是我们两家5年前修的，现在太破旧啦。我得在这儿砌一道空心砖墙才行。

波比：我不明白。这道篱笆哪儿破旧了呢？

乔治：没准哪天它就会倒掉。

波比：是什么会让它没准哪天就倒掉呢？

乔治：是您在篱笆后种的那些树呀。（波比沿着篱笆种了几棵8英尺高的日本枫树，枫树枝条穿过了篱笆。）

波比：那些树怎么啦，哪儿会让篱笆倒掉呢？

乔治：那些穿过篱笆的树枝啊。它们肯定会把篱笆推倒的。

波比：我可没明白。树枝为什么会将篱笆推倒呢？

乔治：（沉默了一会儿，然后就转换了话题）您知道怎么修剪杏树吗？那边那一棵怎么样？您觉得我修剪得还行不？

在这次交谈中，波比意识到，乔治是想操控她，让她出一半钱，来修两家之间那道防人窥视的空心砖墙。从二人的关系来看，她根本就不在意乔治是否会变得强势。她很满意，自己能够应对他提出来的那些操控性理由，并让这事儿就此打住。她不觉得自己有这种义务，来带有治疗性地鼓励乔治，让他直截了当地说出心中所想：只出一半钱就砌上隔墙，这样他就可以裸体四下溜达了。毕竟，即使她竭尽全力，鼓励一个她并不在意的人变得强势起来，最后她对他的要求也只会说一声“不行”。据她的最新报告称，乔治再也没提起过这一话题了。

到目前为止，我已经强调了通过练习，运用“我是一张坏唱片”法、迷惑法、否定决断法和否定询问法这 4 种语言技能，来应对他人企图控制你行为的做法——不论这种做法是如何的温和亲切。

练习这些技能，还有第二个目的就是，当有人说出逆耳之言时，我们要打破自己急于辩解的习惯（忘记或不重视这一点，都是相当愚蠢的）。事实上，提出批评的人并非总是想操控我们，也并非总是出于不安全感来批评我们。在这个疯狂的世界上，还是有那么一些人，他们对别人的举止行为做出回应，只是出于一种高尚的目的，即帮助别人，而不带有其他动机。

一名主管，无论他多么善于操控妻子，他也不一定善于操控自己的工作，如果工作毫无成绩，上司就不会给你加薪。要想强势地解决这一点，就可以运用具有同感作用的否定询问法，促使上司对你提出更多批评，来改善你们的沟通。你可以向上司传达下面这类明确信息：

1. 你乐于改进工作业绩，以达到加薪的水平；

2. 你不会被批评击倒，而是想寻求更多的批评意见加以利用；

3. 要是他能经常把批评意见反馈给你，那么他就可以协助你达到提升业绩的目标。

用这种非自卫性的方式来应对艰难处境，还有一个附带的好处，那就是它能改善你和批评者的工作关系和私人关系。我的亲身（以及临床）经验表明，如果你对批评者的观点表达出积极的兴趣，可以使批评者更轻松地给出负面的批评意见，因为有时候，提出批评可不容易。

对话 7. 学员在课堂上运用否定询问法，以获得加薪

下面这段对话，是一名想知道“如何提出加薪”的学员和我的对话，它说明了运用同感作用的否定询问法，既可以应对不带操控性的批评，还可以让自己不再显得焦虑不安、急于辩解。

我：哈利，我一直想问您，为什么不推荐我获得绩效加薪呢？

学员：别客气，彼得。很简单，你不该获得绩效加薪。

我：我可不明白了，哈利。我什么地方做得不好，让我没有绩效呢（否定询问式回答）？

学员：哦，首先，你在这岗位上还是新人。还不到 6 个月，对吗？

我：对！

学员：你还没有了解工作的方方面面呢。你干得并不差，只是表现平平而已。

我：我干的哪些事表现平平呢（否定询问式回答）？

学员：新人通常所犯的典型失误，你都一一犯了。

我：我具体都干了些什么，使我把工作搞砸了呢（否定询问式回答）？

学员：很多事。比如，艾尔·林康公寓楼通风道的估价工作。

我：好吧。在那件工作中，我哪儿干得不好呢（否定询问式回答）？

学员：你把造价估低了300美元。由于你的失误，我们损失了300美元。

我：我想我太笨了，没有找个老员工一起核实一下我弄的数字，也许应该请您出马的（否定决断法）。

学员：别担心那个了。我们都会犯错，你也不例外。

我：还有别的什么事我干得很一般，可以有所改进呢（否定询问式鼓励）？

学员：还有很多其他的事啊。

我：愿闻其详。

学员：你在安排工作方面，有点儿不麻利。

我：我花的时间太久了（否定询问式回答）？

学员：不是。不是太久。只是就你的经验来说，显得一般般罢了。

我：还有别的什么吗（否定询问式鼓励）？

学员：我能想到的还有一件事。你将图纸交上来的时候，应当把字小的地方弄得清晰一点儿。图纸制成蓝图后，这些地方都看不清了。

我：那就是您目前所能想到的，我表现平平的地方吗（否定询问式鼓励）？

学员：差不多吧。

我：好吧，让我想想。概括来说，就是我检查自己的工作不够仔细，对吗（否定询问式鼓励）？

学员：是的，差不多是这么回事儿。

我：我应该加快工作速度，同时不犯那些会损失金钱的错误，对吗（否定询问式鼓励）？

学员：是的。

我：我还应该更加细心一点儿，注意上交图纸的整洁（否定询问式鼓励）？

学员：是。

我：嗯，我想下次要在绩效加薪表上有所突破，对于那些偶尔我没有明白您意图的地方，我还得跟您仔细请教。我必须进步，所以我得尽快这样做（否定决断法）。

学员：那是当然。

当我还是一个入门级治疗师的时候，我每周都要和一位专业临床医师碰面，听取他关于我工作的点评。我的学习内容是实验性的习得理论和精神生理学，因此我的临床督导认为，由一位长于分析的（新弗洛伊德派）导师来“指导”，对我肯定有好处。因为害怕学习某些我一无所知的知识（我只知道“酒会弗洛伊德效应”[a]），所以在首次点评时，我相当紧张，显得戒心重重。点评进行到一半时，导师批评我的话语开始变得有道理了：此时，正是我开始把他说的弗洛伊德学派术语，翻译成我所熟知的习得理论和行为治疗学术语的时候。

于是，我开始变得喜欢听他分析了。我开始怂恿他，让他更多地指出我“为什么”做得不好，“哪些地方”做得不好。用一种还很生涩的方式，

a 酒会弗洛伊德效应：Cocktail Party Freud。指弗洛伊德学派提出的“鸡尾酒会效应”，即在一个鸡尾酒会上，人们被各种谈话包围着，但是他们只听到某些谈话、而听不到另一些谈话的现象。

我运用了否定询问法，询问如何能够改进自己的工作，并且试图将他教的知识和我理解的行为学知识联系起来。

不用说，在那一年实习中，我学到的新弗洛伊德学派的临床治疗技巧，比那位教授的其他任何学生都多！在这种碰面点评中，我让他把知识倾囊相授，而他也喜欢我的方式。有一次他说："彼得，你是我最容易共事的学生之一。你对学习、对如何改进你的治疗方式，都没有戒备心理。你还教了我一些心理生理学知识呢。"在这种权威式关系中，通过敞开心扉，我获得了什么经验呢？那就是：假如不是应对他人的操控，那么，就该鼓励他人提出批评，这些批评最终可能变成表扬。对我来说最终的结果是，我获得了这位导师终生的友谊。

在平等关系中鼓励他人对你提出批评，跟在权威式关系中一样，也有助于改善双方关系。亲密的人、你乐于亲近的人在最初跟你打交道的时候，他也许并没想操控你。相反，也许只是因为这个人相对被动，才没有主动对你明说、要你做出什么改变罢了。可要是没有解决分歧的方法，平等关系是注定维持不下去的。

你曾经的操控性行为、一受到批评就发怒的表现、惊慌失措地逃避批评的行为，都对交往没什么好处。你的这些行为不会帮助到亲密的人，也不能让他在应对你时，改掉他同样具有破坏性的方式。

练习迷惑法、否定决断法和否定询问法，可以鼓励配偶表达出心中所想，从而有助于开创更为亲近的沟通方式。经过大量练习后，你就能学会聪明地回应和正视配偶提出的任何埋怨，降低你在受批评时下意识的焦虑和自卫反应，也有助于打破原有的习惯，使你不再这样回应配偶："你什么意思，我总是欺负你？要是你能改一改，乖巧一点儿（照我的意思去做）的话，就不会让我这么烦了。"

要是用这样一种操控性的、导致对方负疚的方式来回应，那么配偶很可能会采取消极被动的态度，不再与你亲密交流，这会很令人惊讶吗？在本书最后的一些对话中，我们将详细论述一种新的交流方式，以便怀有戒备心理或惯于操控的夫妻学习、采用。

现在，让我们再复习一下：在日常生活中，他人往往会给我们带来无数问题，这些问题其实很常见，我们应当强势地去应对。

Chapter 8

日常人际关系——强势地“谈钱不伤感情”

前几章介绍的几种语言技能，假如你能强势地将它们组合起来运用，那么应对他人的操控时，你就会更加得心应手。

其中有些对话很简短，那正是快速终止某些操控行为的典型范例。有些对话相当长，而保持其完整的目的，则是为了强调：很多时候，你必须坚持不懈。

除了特定的训练性对话，本书后续各章中给出的交流实例，全部都是学员的真实对话。它们都是通过便笺、回忆、录音带和准确的报告等方式，记录下的学员、病人、同事、熟人和朋友间的对话，并且经过编辑，以达到保密、简洁、清晰和具有指导作用的目的。这些对话为我们提供了不同场合下运用系统性语言技能的范例。不管应对什么人的操控，虽然说出的话语不一样，但运用的基本技能都相同。除了我之前提到的某些特殊情况外，“我是一张坏唱片”法、迷惑法、否定询问法和否定决断法，日常都可以通用。

对话 8．学员应对上门推销员——最低成本的强势训练

下面这段混合型对话，是最常见的家门口遇到的事。在这个练习中，一个陌生人来到你家门前，介绍自己是：

1. 经历了美国各种战争的残疾老兵；
2. 世界残疾儿童协会的代表；
3. 弱势群体代表；
4. 正在努力争取奖学金的大学生；
5. 这条街上的一位邻居（你在自家房子住了 4 年，可你从来没见过他），这位邻居正在进行一个项目，打算送附近的孩子参加夏令营，使他们远离城区拥堵、烟雾和其他不良影响。

自我介绍完毕，这位陌生人接下来解释说，他正在售卖各种各样有意思的杂志；而你如果订购，他的公司便会将所得利润的一定比例，捐赠给他所代表的那种有意义的事业（参见上述 1 到 5 项）。

对话场景：上门推销员刚刚介绍完自己和他的商品，然后开始游说。

推销员：您肯定想要买几本这样的杂志放在家里，又能增加知识，又有意思。

学员：我明白您那样想的原因，不过我对杂志不感兴趣。

推销员：您应当考虑，要是您买这些杂志，这些孩子就会从中获

益的。

学员：的确我该考虑，不过我没有兴趣（迷惑法和“我是一张坏唱片”法）。

推销员：要是订阅的人足够多，对这项事业来说，就是帮了大忙啊！

学员：您也许说得对，不过我不感兴趣（迷惑法和“我是一张坏唱片”法）。

推销员：我不相信，您会任由这些孩子遭罪，任由他们无依无助。

学员：我明白您不会信，但我不感兴趣（迷惑法和“我是一张坏唱片”法）。

推销员：您的邻居都订阅了。

学员：我相信，不过我不感兴趣（迷惑法和“我是一张坏唱片”法）。

推销员：什么样的人才会不关心孩子，不关心残疾孩子呢？

学员：我可不知道（自我表露法）。

推销员：（换了种方式）您订阅了其他什么杂志吗？

学员：我真的没兴趣买杂志（“我是一张坏唱片”法）。

推销员：哦，您看看，这些并非只是我们这个项目里才有的杂志。要是您已经订阅了其中一些，我可以为您续订，而那些可怜的孩子也能从您这儿获益了。

学员：谢谢，不过我不感兴趣（“我是一张坏唱片”法）。

推销员：您先生（或夫人）在家不？这本关于家用工具的杂志，他肯定会感兴趣的。

学员：他大概会感兴趣，可我不打算买（迷惑法和“我是一张坏唱片”法）。

推销员：我能跟他说说吗？

学员：我可不感兴趣（"我是一张坏唱片"法）。

推销员：给您的孩子买怎么样？我们有一整套教育杂志，可供他们阅读。您也想让他们学习能力更强，有好的成绩，对不对？

学员：我当然想，可我不想买什么杂志（迷惑法和"我是一张坏唱片"法）。

推销员：你真是寸步不让啊，哪怕是为了自己的孩子，您也不让吗？

学员：您说得对。我不会让的（迷惑法）。

推销员：好吧，我很高兴您其他的邻居都不像您这样。

学员：您当然高兴啦（迷惑法）。

在培训学员应对消费陷阱的过程中，许多学员都说，他们只是将推销员拒之门外，因为他们不想费那个劲，去应对推销员的废话。我劝告学员说，强势地应对这些无关紧要的情形，是一种安全、低风险而又现实的方式，可以锻炼他们的能力，让他们做好准备去应对其他重大的冲突。这就像在跑道上练习跑步以恢复体型，然后才能去参加真正的赛跑一样。我鼓励他们在学习过程中不要逃避这样的交锋，等他们熟练了，在坚持权利时不再感到不安了，那他们就真的可以把推销员拒之门外了。

现在让我们来看一段对话：有位顾客因为买了不合格商品想要退款，正在向百货商店的经理强势地坚持自己的权利。

对话 9．安妮将不合格商品成功退货
——磨炼你的韧性

安妮是一位年轻貌美的女子，她特意买了第一双高筒皮靴，准备假期参加晚会穿。在赴宴途中，左脚靴子的鞋跟儿就掉了。她气得要命，发誓要把这双劣质靴子的钱要回来。

对话场景：两天后，她向鞋品部的店员走过去。

店员：我能为您效劳吗？

安妮：也许吧，不过我想跟你们鞋品部的经理谈一谈（迷惑法）。

店员：现在他很忙。您是投诉吗？

安妮：他是很忙，但我还是想跟他谈谈（迷惑法和“我是一张坏唱片”法）。

店员：（沉默了一会）我去看看，能不能把他叫过来。

安妮：好，我想见他（“我是一张坏唱片”法）（店员走进柜台后面的门，几分钟后出来了）。

店员：他很快就来见您。

安妮：（看了看手表）谢谢您。

安妮：（5分钟过去，安妮再次走到店员面前）你们经理叫什么？

店员：（表情苦恼）哦！他是西蒙先生。

安妮：我想要您去跟西蒙先生说一声，我还是想跟他谈谈。假如他不会马上见我，我想知道他什么时候能见我，或我什么时候可以见他的上级主管（“我是一张坏唱片”法和可行折中法）。

店员：（迅速走进柜台后面的房间。一会儿她又出现了，后面跟着西蒙经理西蒙向安妮走去）。

经理：（微笑）我能为您效劳吗？

安妮：（给经理看那双不合格的靴子）我想退款，这双靴子是上周在这儿买的。靴子不合格。头一回穿，鞋跟儿就掉了。

经理：（查看靴子）唔……这种款式的靴子，以前还从来没发生过这种事呢。（言下之意可能是：“你都干了什么，把靴子穿成这样？”）

安妮：我相信，这种事以前没发生过，不过现在发生了，所以我对你们卖的其他靴子实在没有兴趣。我只关心这一双，并且我想退款（迷惑法、自我表露法和“我是一张坏唱片”法）。

经理：（将靴子放回包里）哦，在退款前，咱们还得先看看，缺陷商品能不能修一修。我先把这双靴子给维修人员送去，看看他怎么弄吧。

安妮：我相信，你们在给我退款前，想要看一看能不能修好靴子，不过我对修不修可没有兴趣。我想退款（迷惑法、自我表露法和“我是一张坏唱片”法）。

经理：收回损毁商品并退款，可不符合我们的政策。

安妮：我相信那是你们的政策，不过这双靴子我无法接受，我想退款（迷惑法和“我是一张坏唱片”法）。

经理：（奇怪地看着安妮）您说，您才穿过一次？

安妮：是的，所以我想退款（“我是一张坏唱片”法）。

经理：您是不是穿着靴子跳舞来着了？

安妮：我可不明白。跳舞哪儿对这双靴子不好了（否定询问法）？

经理：哦，有些人跳舞的时候很不爱惜靴子。

安妮：我相信是这样的，不过，难道这双靴子质量这么差，穿着跳舞都不行吗（迷惑法和否定询问法）？

经理：不是的……您应该能穿着靴子跳舞。

安妮：我很高兴您这么说。这使得我坚信这是件劣质商品。我想退款（自我表露法和“我是一张坏唱片”法）。

经理：我们肯定能为您把靴子修得完美无缺的。

安妮：我相信您是那样认为的，不过，我花了这么多钱，买来的却是不合格的东西，这个我完全没法接受。我想退款，将款退回我的账户（迷惑法、自我表露法和“我是一张坏唱片”法）。

经理：可是，我们没法那样做。

安妮：我相信您的确是那样认为的，不过我想退款，而不是花钱买双修理过的靴子（迷惑法和“我是一张坏唱片”法）。

经理：好吧，让我看看怎么办吧（他走开了。安妮看了看手表，又向四周望了望。在她身后，另一名女性也拎着一双开了缝的靴子，还有一个穿着黑貂皮大衣的老太太，坐在边上几尺远的地方。这两个女人都在关注她怎样应对商店经理，安妮开始有点儿羞怯不安。但这种感觉很快一扫而光，因为那个老太太向她倾过身子，对她轻轻说：“坚持你的立场，亲爱的。别放过他。”过了几分钟，那位经理又露面了，他走向安妮）。

经理：我知道这给您带来了不便之处，但我刚跟维修人员交流过了。他的维修店在威尔夏区。假如您现在就将靴子送过去，他马上就能修好。那样的话，您就不必等上一个星期，由我们来送过去了。

安妮：我明白，不过我完全没兴趣去修理这双靴子。我只接受全款退货（迷惑法、自我表露法和“我是一张坏唱片”法）。

经理：可是我们没法退款呀。生产厂商不会允许我们那样退款的。

安妮：我相信生产商是不会允许退款的。不过，我对生产商退不退款不感兴趣。我是要你们退款（迷惑法、自我表露法和“我是一张坏唱片”法）。

经理：可这正是问题所在。如果生产商不给我们退款的话，我是无法给您退款的。

安妮：我相信你们跟生产商之间确实有问题。不过，那是你们的问题，不是我的。我对你们跟生产厂家的问题不感兴趣，我只对你们给我退回全款感兴趣（迷惑法、自我表露法和“我是一张坏唱片”法）。

经理：可是，假如给您退款，我们就会遭受损失。

安妮：我相信你们会有损失，不过我对这个根本就没有兴趣。我只关心给我全额退款（迷惑法、自我表露法和“我是一张坏唱片”法）。

经理：我无法给您退款。我没有这种权力。

安妮：我相信您，那么请告诉我，有权退款的上级主管叫什么（迷惑法和可行折中法）。

经理：（沉默不语）

安妮：是您告诉我他叫什么呢，还是要我去问别人（可行折中法）？

经理：我看看怎么办吧（经理走进柜台后面的贮藏室，1 分钟后又走出来，对安妮说话）。

经理：我们一般都不能这样处理，但这次破例，请您将销售小票给我，我给您开具一张这双靴子的退款凭证给会计吧。

安妮：谢谢您。（转过头去，对身后那位拎着另一双不合格皮靴的女士微笑。）

安妮的身份并不是学员，也不是病人，而是我的一位非自我肯定型的同事。在逐渐学会更强势地与他人打交道的过程中，安妮报告过许多次成功经历，而与销售经理之间这段对话，是她首次报告的。

跟其他学员一样，安妮的性格发生了重大改变，她变得坚韧，很少理会别人对她的批评指责，也能够更好地应对自身的过错，与他人产生矛盾时，她不再焦虑不安了（减少了逃避应对反应），而对关系亲密的人，也不再生气好斗（减少了争斗应对反应）。最近，当我要她说一说，她最看重自主性学习的哪个方面时，她简要地梳理了一下内心发生的积极性情感变化，然后强调说，她改变了看待自己和他人的态度，而能够察觉并应对他人的操控，又让她增加了整体的强势。

现在，让我们反过来看一看，一名员工是如何强势地应对投诉顾客的。

对话 10．安迪应对愤怒的客户投诉——使你面对他人不再焦虑

安迪在一家大型百货商店的售后服务部工作。下午晚些时候，他通常都独自一人待在办公室，此时维修人员都出外勤，而老板也去别的地方出差了。跟其他人一样，安迪也发现很难应对火冒三丈地来投诉的顾客，所以有时他会变得很紧张，故意不理睬电话留言，甚至不接自己办公桌上的电话。下面就是他在上班接电话时练习系统性强势技能的一段对话。

对话场景：安迪坐在办公桌旁，电话响了。他拿起电话，跟一位投诉家用电器送货问题的顾客交谈。

安迪：售后服务部。

顾客：我是格兰迪沃斯太太。今天下午，你们把我买的冰箱送来了，可冰箱有毛病，不制冷。你们现在马上派个人过来修理，或换一台给我送来。

安迪：我真的很想为您效劳，但现在所有的维修人员都出外勤了，我们很可能要到明天才能来给您修冰箱了（自我表露法）。

顾客：可真让人受不了。我从你们那里订购冰箱的时候，因为晚上要

办自助晚餐会，所以销售员答应说今天上午就会准时送货，可你们到下午3点才送！现在更糟，冰箱还是坏的！

安迪：这种事情是会让您受不了的。假如我是您，我也会受不了的（迷惑法和自我表露法）。

顾客：你们得派人过来。你们向我承诺过，准时送货并及时装好冰箱，说不会耽误我的晚餐会。

安迪：答应您准时送货，却没把工作做好，显然是我们把这事儿搞砸了。我们可真是傻（否定决断法）。

顾客：好啦，你们必须派个人过来修理。

安迪：我真的很想帮您解决这个问题，太太，不过每天这个时候除了我，这里没有别的人手呢（自我表露法和“我是一张坏唱片”法）。

顾客：你能来吗?

安迪：我不是维修员，不知道如何修理。您肯定插头插到墙上的插座里了吗（自我表露法）?

顾客：是的，我已经检查过了。

安迪：冰箱根本不启动吗？难道一点儿响动也没有?

顾客：毫无响动。

安迪：那我就不知道该跟您说什么了。难道送货员没有帮您开启冰箱吗（自我表露法）?

顾客：他们把冰箱挪到靠墙的位置，胡乱弄了一下。直到我要把食品放进去，才发现冰箱没电。

安迪：我很想帮您解决这个问题，可是我无能为力，要到明天上午才行（自我表露法和“我是一张坏唱片”法）。

顾客：你们这样做生意可不行。别人怎么能够信任你们呢?

安迪：这样做确实不行！这次我们的确是疏忽了。跟您说说我所能做的事吧。明天一早，我的第一件事，就是让维修人员当着我的面给您打电话（迷惑法、否定决断法和可行折中法）。

顾客：你们不能今晚就派个人过来吗？

安迪：我真的很想帮您解决这个问题，可现在这么晚了，我的确无能为力。明天早上我会亲自第一个安排这事儿的（自我表露法、“我是一张坏唱片”法和可行折中法）。

顾客：我觉得应当跟你们的领导谈谈才行。

安迪：这是个好主意，可他此时也不在这里啊（迷惑法）。

顾客：在哪里能找到他？

安迪：我也不知道（自我表露法）。

顾客：明天维修人员来的时候，你能打个电话告诉我一声吗？

安迪：我会亲自给您打电话的，您也可以在上午9点后给我打电话（可行折中法）。

顾客：我该找谁？

安迪：找售后服务部的安迪就行。

他成功地应对了这名气愤不已的顾客，而自己也没有像以前那样精神崩溃。安迪说，在与顾客交谈时，整个对话过程他都觉得有点儿紧张，不知道自己最终能不能应对好，同时又不会感到不安。我安慰他说，大多数学员第一次都会紧张，这是在那以前他们经历的都是失败，所以不论在非现实情形下练习多少次，他们仍然预感会有问题出现。反复成功地应对人际矛盾后，心中就不会再想着什么失败，也不会感到焦虑不安了。自那以后，安迪再也没有在应对顾客时感到紧张。

现在再让我们来看看另一种情形：在电话里，顾客必须强势地先应对商店员工，再应对商店老板，以达到自己的目的。

对话 11．马克应对推脱责任的商家——多说几个“不行”，达成折中方案

马克·希斯的妻子伊迪斯最近买了一张长沙发，为了找到喜欢的沙发，她可是苦苦寻找了半年多。起初，她对自己选这张沙发感到很开心，可是才用了 8 个月，就发现沙发垫的接缝裂开了，这让她郁闷不已。于是，她立即向沙发店投诉。商店拿走了垫子并进行维修，然后还给了她。6 个月后，同一处接缝又开裂了。伊迪斯再次给家具店打电话，并跟店主的秘书说，她要求给垫子换个沙发面，不能再补来补去。秘书跟伊迪斯说，由于店主出城采购去了，所以生产厂家的人会过来拿垫子，并进行必要的处理。

之后，伊迪斯跟厂家派来的代表进行了交谈，并特别声明说，必须换个沙发面，不能接受其他办法。然而 2 周后，她却意外地接到家具店秘书打来的电话，说垫子已经修好了。她再次跟秘书说，必须是换了沙发面的垫子，除此之外她一概不接受，可秘书却回答说，自己无能为力。厂家只修理垫子，因为生产商没法提供最初的面料。伊迪斯回答，她并不关心厂家有什么问题，只关心家具店打算怎么办，她要求商店先保留修理过的垫子，请店主回到城里后，给她或她丈夫打电话。

第 1 节对话场景：店主格瑞姆森在上班时间给马克打电话。

马克：格瑞姆森先生，您知道我买的沙发出现问题了吗？

店主：是的。我打电话来，就是想通知您，沙发垫子已经在我办公室

了，您随时可以过来取。

马克：那么说，您已经给垫子换了沙发面咯？

店主：没有，没那个必要。厂家的技术人员查看了问题，说垫子四角的尼龙用乳胶加固一下就可以。现在垫子完全跟新的一样。

马克：我相信厂家的技术人员是那样认为的，可我不这么认为。半年前，你们就保证说把垫子修理得妥妥当当了，可那是假话。要是6个月之后垫子第3次开裂，我可真不知道该怎么办了。现在垫子四角几乎已经没留下什么面料了，我要求将垫子换个沙发面（迷惑法、自我表露法和“我是一张坏唱片”法）。

店主：希斯先生，请您相信我，垫子是不会有问题的。

马克：我相信您是那样认为的，格瑞姆斯先生，可我不这样认为（迷惑法和自我表露法）。

店主：可问题在于厂家呀。他们不愿重装沙发面。

马克：格瑞姆斯先生，我可不觉得我跟厂家之间有什么问题。我觉得我跟您之间才存在问题。我也不关心您跟厂家之间的问题，我只是要求给沙发垫换个面子（自我表露法和“我是一张坏唱片”法）。

店主：让我想想怎么解决吧，我会再给您回话的。

马克：您什么时候回话呢？

店主：周五我会跟厂家的人一起吃午饭。那天下午或周一我给您打电话吧。

马克：好的，我等您回电。

第2节对话场景：由于店主没回电，于是在下个星期三，马克给店主打电话。

马克：格瑞姆斯先生，您安排好给我的垫子换沙发面了吗（“我是一张坏唱片”法）？

店主：上个星期五我联系不上厂家的人啊。

马克：我不明白。整件事情跟厂家有什么关系呢（自我表露法）？

店主：我想替您跟厂家达成一个协议，我会尽力在您和他们之间斡旋的。

马克：格瑞姆斯先生，对于您想跟厂家之间达成什么协议，我真的没有兴趣。我是在您那儿购买的沙发，不是从厂家购买的。您想怎么安排就怎么安排，只要把垫子换个沙发面就行。我只想换沙发面，不要修理过的垫子（自我表露法和“我是一张坏唱片”法）。

店主：我已经重新安排了，这个星期五跟厂家经理会晤一次，您得多给我点儿时间才能解决。

马克：您会给垫子换个沙发面吗（“我是一张坏唱片”法）？

店主：我试试，看能不能给您换张新沙发。

马克：那您太好了，格瑞姆斯先生，不过真的没必要换张新沙发。我只要求给垫子换个沙发面（自我表露法和“我是一张坏唱片”法）。

店主：让我先试试我的办法吧，我相信您会满意的。在此期间，您何不将垫子拿走，这样沙发就能坐呢？

马克：我相信我会满意的，不过在此期间，垫子还是留在您那儿，等换了沙发面我再来拿（迷惑法和“我是一张坏唱片”法）。

店主：再容我一两个星期，我来看看怎么办吧。

马克：好的。两周后要是没有消息，我会给您打电话的（可行折中法）。

店主：我相信，在那之前我就会打电话给您的。

马克：要是您因为什么原因没有打，我会给您打的，这样咱们就可以保持联系，解决这事儿（可行折中法）。

店主：好的。我会尽力。

马克：我相信您会尽力的（迷惑法）。

第 3 节对话场景：两周后，马克给格瑞姆森先生打电话。

马克：格瑞姆森先生，我两周都没接到您的回电。垫子换过沙发面了吗（“我是一张坏唱片”法）？

店主：我跟厂家经理碰过面了，可他们不愿那样。我已经尽力替您交涉了。

马克：格瑞姆森先生，我相信您已经尽力了，可对厂家能怎样或是不能怎样，我实在没有兴趣。我只关心您打算怎么办。我要求给垫子换个沙发面儿（迷惑法、自我表露法和“我是一张坏唱片”法）。

店主：（沉默了几分钟）

马克：格瑞姆森先生，您还在吗？电话是不是断了？

店主：我刚才在考虑。也许还有另外一个办法，可以解决这事儿。再容我几天，看看我能做什么吧。

马克：我相信可能还有另外的办法来解决，不过要是您不拖拖拉拉的话，我还是要求给垫子换个沙发面（迷惑法和“我是一张坏唱片”法）。

店主：（话音中流露出一丝烦躁）希斯先生，我会尽可能地去给您想办法的。请耐心一点，再稍等些时候吧。

马克：那您什么时候给我回话呢（可行折中法）？

店主：星期五我保证联系您。

马克：好吧，那我就等着您的电话吧。

第 4 节对话场景：星期五下午 3 点，马克给格瑞姆森先生的办公室打电话，秘书告诉他说格瑞姆森先生出去了。马克跟秘书说，他想在下午跟格瑞姆森先生通话，或格瑞姆森先生可以晚上回电。下午 4 点 45 分，格瑞姆森先生回电了。

店主:（语气很高兴地）希斯先生，每天有现在的一倍半时间，也不够用啊。

马克：我不明白您是什么意思，格瑞姆森先生（自我表露法）。

店主:（有点儿尴尬）我只是说，有时候一天的时间不够用，使我无法把所有事都处理好。

马克：是这样，要是我自己有一天空闲的话，格瑞姆森先生，我倒是愿意把这一天给您，可我没有（迷惑法和自我表露法）。

店主:（严肃起来）是的。哦，我想这样处理您的沙发。我订购了另一张，下个月初就送货。到时我会派辆厢式货车到您家，给你们换新沙发。

马克：我觉得您真是太好了，格瑞姆森先生，不过真的没必要这样做。我所要求的，不过是把垫子换个沙发面而已（自我表露法和“我是一张坏唱片”法）。

店主：不，我想这么办。那张沙发给您带来的麻烦已经不少了，厂家也承认有缺陷。我们会承担所有费用，因为顾客满意才能让我们经营下去。

马克：咱们为何不只换垫子呢？那样我觉得就很好了（可行折中法）。

店主：那样不行。颜色配不上。

马克：好吧。希望您能提前几天给我电话，这样家里就会留人收货。

店主：我会让经理亲自给您打电话约时间的。顺便问一下，沙发现在的情况如何？垫子看上去还是崭新的，沙发其他部位也都是崭新的吗？

马克：是的。除了垫子接缝，沙发看起来还是崭新的。

店主：我会把您的旧沙发当作示范陈列品。这样，问题就全解决了。

马克：谢谢您，格瑞姆森先生。感谢您解决了这事儿。

店主：别客气，发生了这种事，我很抱歉。请让您的夫人再次光顾本店，看看我们的新品家具。我相信，她会喜欢这些新家具的。

马克：我会跟她说的。

在应对店主的狡猾伎俩时，马克觉得最为艰难的是，店主总在暗示问题在于生产厂商，与商店无关，暗示商店不但百分百地支持马克的诉求，还在为马克的利益千方百计地与一个不好打交道的对手——就是厂家那个精明的畜生——周旋着。马克很难直白地说，他不在乎厂家，只关心商店打算怎样处理。当然，过了第一次，之后马克就毫无不安之感了。

在成功之后，马克认识到，除了强势、坚持不懈地将自己的意愿一遍遍地说明，他别无所依。马克没有法律资源，也没有社交手段，假如店主也坚持不懈地拒绝，那么马克就无计可施了。果敢不懈地坚持权利，并不保证你一定成功，对于你所面对的大多数人来说，他们的应对手段，不过就是那么几个“不行”罢了。强势地将这几个“不行”应对下来后，你很快就能和他们达成折中方案。

下面一段对话，再次改变了看问题的角度：有位文职人员，必须面对面地应对一些愤怒的、想操控她的人，因为这正是她工作的一部分。

对话 12．多萝西与陌生公众打交道
——应对无法满足的要求

多萝西是一个行政部门的文书兼打字员，这个部门负责公众形形色色的法律程序。多萝西与其他几位女性轮班承担文书职责，跟带着问题来部门的人打交道。之前，多萝西一直都尽可能地避免与公众打交道。她说：“我总是紧张，要是无法满足他们，我就不知道该说什么好。”后来，多萝西花了好几个星期来练习。下述这段简短对话，就是她有效应对别人提出的投诉时发生的。

对话场景：多萝西站在服务台后，两对夫妻向她走去。

多萝西:（向第一对年纪为 30 多岁的夫妻）你们好，有什么需要我效劳的?

第一位男士：我想要采集一下指纹，然后将这份声明公证一下。

多萝西：目前公证处在 4 楼。407 室。我们采集不了指纹。您得去位于第 3 大街的警长办公室，或去停车场对面的警察局才行。

第一位男士：可大厅里的办事指南上说，到这个房间来就可以呀。

多萝西：您说得对。这事儿办得真蠢，不是吗？公证处 4 个月前就搬了，可他们还没把办事指南改过来。如今他们该抽时间来改正了吧（迷惑法和否定决断法）。

第一位女士：为什么你们就不能想想法子呢？

多萝西：我倒是希望我们能这样呢。咱们给他们发了备忘录，可这标牌还是老样子。我可不知道该怎么办了（自我表露法）。

第一位女士：太荒唐了。必须想想法子，改变这种情况才行。

多萝西：应该有法子可以改变这种情况的，可我不知道是什么法子（迷惑法和自我表露法）。

第一位女士：我们缴了那么多的税，县里至少应当给我们指条明路吧。

多萝西：您说得对。似乎是我们的工作没做好（迷惑法和否定决断法）。

第一位男士：他们告诉我说，我可以在这里采集指纹的。

多萝西：我相信有人这样告诉您，不过我们不采集指纹，这儿从来都没有采集过（迷惑法）。

第一位男士：我给这个部门的人打过电话，她在电话里跟我说，你们可以采集指纹。

多萝西：您给谁打的电话呢？我帮您把她找来。

第一位男士：我可不知道，不过我打过。

多萝西：好吧，要是您打过，那就是我们的确出了差错。我碰到这种事，总是会很恼火的（否定决断法和自我表露法）。

第一位女士：县里各个部门总是把事情搞得乱七八糟。

多萝西：我完全明白您的感受。有时好像确实是这样，不是吗（自我表露法和否定决断法）？

第一对夫妻走了，多萝西转身对着另一对老年夫妇。

多萝西：您二位需要办什么事情？

第二位女士：我们想领遗产登记表。

多萝西：咦，我可一点儿都不清楚这个。以前还从来没人问过我呢。我查一查（拿起电话，拨号，跟领导说明情况，听取领导回答，然后再转向这对夫妻)。我们这儿不发遗产登记表。你们得去州政府办公室才行。州政府办公室在洛杉矶市区，我把地址和电话号码给你们写下来(自我表露法)。

第二位男士：楼下大厅的保安跟我们说，可以在这个房间领到遗产登记表呀。

多萝西：我相信他是认为你们可以在这里领到的(迷惑法)。

第二位男士：我真希望你们这些人，能够把提示标志弄得更准确一点儿。

多萝西：您说得对。我也希望我们能这样(迷惑法和自我表露法)。

第二位女士：应当有人告诉那个保安，不要让办事的人跑冤枉路。

多萝西：我很乐意在吃中饭时告诉他，我们这儿不发遗产登记表(可行折中法)。

第二位女士：要是交不上遗产登记表，我们得损失多少钱，你知道吗?

多萝西：不，我不知道(自我表露法)。

第二位女士：那么我来告诉你，那可是一大笔。

多萝西：我相信是一大笔(迷惑法)。

第二位女士：为什么这儿没有我们所需的表格，却要让我们跑那么远的路到市里去?

多萝西：我不知道。我想，是因为它们属于州政府签发的表格，而这里只是县政府办公室的原因吧(自我表露法)。

第二位女士：我觉得，你们这些政府工作人员应当齐心协力，处理好这种重要的事才是。

多萝西：得跑那么远的路，我能理解您的感受(自我表露法)。

第二位女士：你还太年轻啦，理解不了我们所面临的问题。等到了我们这年纪，你再来看看这种事有没有意思吧。

多萝西：也许您说得对，我确实不知道自己老了以后会有什么样的感受。还有别的什么事我可以效劳吗（迷惑法和自我表露法）？

第二位男士:（拉着第二位女士离开服务台）没了，谢谢。就这样吧。

在应对无法满足的要求时，多萝西表现出了强势，说出了自己的意见。

现在让我们来看一看容易的。像下面这样处理问题，可以让你的钱花得物有所值：让汽修工修理你的汽车。

对话 13．阿诺德要求汽车经销商修车 ——综合运用强势技巧

阿诺德买了一辆经济型的进口汽车。车子跑了 1000 英里后，他注意到，4 个车轮的边缘都存在明显的漏油现象。他将汽车送回经销商那儿，跟维修代表谈了谈，得知问题出在制动缸上，需要修理。修理完后，阿诺德取回车又开了几天，却发现每当踩刹车时，刹车都发出刺耳的声音，这让他很郁闷。

对话场景：阿诺德回到汽车经销商那里，跟维修代表交谈。

阿诺德：几天前，我在这儿按照保修条款修理了制动器，可制动器现在响得厉害。我想要它们不发出刺耳的声音。

维修代表：哦，对于那个，我们可无能为力。那都是标准制动器，全都那样刺响呢。

阿诺德：我相信所有标准制动器都那样刺响，不过我买这车的时候，制动器可不响，现在我也不想让它们响（迷惑法和“我是一张坏唱片”法）。

维修代表：我们可无能为力。

阿诺德：维修经理叫什么，我在哪儿能找到他？

维修代表：他在那边的办公室里。

阿诺德：他叫什么（“我是一张坏唱片”法）？

维修代表：格哈德·布劳恩。

阿诺德走进布劳恩先生的办公室，发现他正在处理另一名顾客的投诉，便静静地站在那儿，直到那名顾客离去。

维修经理：请坐，请坐。有什么我可以效劳？

阿诺德：（仍然站在那儿，俯视着经理，用一种平静的语气）您的维修代表告诉我说，你们修理不了我的制动器，这简直是胡扯。我把车开到你们这儿时，制动器可是不响的，现在却响得刺耳。

维修经理：您有维修工作单吗？

阿诺德：（递上维修单）有，我想要不响的制动器（“我是一张坏唱片”法）。

维修经理：这儿写着，4个轮子的制动缸漏油，我们修好了呀。事情是这样的：汽修工发现制动片上有些刹车油，便决定换掉制动片，这样您刹起车来就会更方便。他本来不必那样做的，但我们想要确保所修的每台车都十分安全，不会危及我们的顾客。更换制动片，我们并未收取您任何费用。您可是一分钱没花，就得到了一整套全新的制动器呢。

阿诺德：我相信您说的是事实，不过我买这辆车时，制动器不响，而你们修理后，制动器的确发出刺响了。我想要这车上的制动器不发出刺响（迷惑法和“我是一张坏唱片”法）。

维修经理：哦，那些都是厂家提供的更换制动器。可比原装要好得多！它们更耐磨，所以是会有一点儿响。

阿诺德：说实话，我并不关心你们跟厂家提供的更换制动器之间有什么问题。它们也许是更好的制动器，可我只想要我车上的制动器不再响（自我表露法、迷惑法和“我是一张坏唱片”法）。

维修经理：可是，我们给您装的都是全新的制动器，并且没收取任何费用呀。我们本来不必那样做的。那样做，是对您的一片好意呀。我们只想确保客户的驾驶安全罢了。

阿诺德：这是一片好意，不过我不想要我车上的制动器发出刺响（迷惑法和“我是一张坏唱片”法）。

维修经理：可是，假如我们给您的汽车再装回原型号的制动器，那它们的使用寿命就会不到这些新制动器的一半呢。

阿诺德：这些制动器可能更经久耐用，不过坦率地说，我并不在意你们给我的车上装的是哪种新的制动片，只要我踩刹车的时候不响就行（迷惑法和自我表露法）。

维修经理：（沉默了一会儿，咬着嘴唇，脸上带着思索而担心的神情）今天下午您能把车子放在我这儿，5点钟再来取吗？

阿诺德：您打算修理制动器，不让它们发出刺耳的声音吗（“我是一张坏唱片”法）？

维修经理：要是今天下午您把车留在这儿，我会修理好的。

阿诺德：那我会相当感激的，谢谢您。

阿诺德发现，人们都说汽修工和汽修厂经理很顽固，这不过是谣传罢了（他们的顽固，很可能是人为培养的）。他发现，对于“为什么不能维修”这个问题，维修代表只有寥寥几句操控性的回答，而经理则更少。这段对话，也许会给你留下太过容易的印象，觉得在应对修理人员时，根本用不着太多的技巧。在训练初学者的过程中，我认为，要是生产商或汽修工把学员车子的什么地方弄坏了，那就是碰上了意外的好运。派学员们去强势地应对这类处境，就是我能布置的最有意义、最容易的家庭作业之一。

在处理这类矛盾冲突时，有些学员为了达到目标，得坚持几周之久，但没有一名学员说自己失败了。也许我得感谢感谢那些笨拙的底特律巨头们[a]，因为他们始终如一地，为我的自主磨坊提供了容易碾碎的谷物。

下面这段对话，也是日常消费方面的。这个例子说明，某些情形，你必须付出更多的毅力，还需具有这样一种能力：能在几周或至少几天内，应对他人对你的行为所进行的全方位操控。

对话 14．杰克要求对方退款——预测对方行为，提前准备

杰克是一名半工半读的学生，兼职做理疗师赚钱，自食其力。他对自己的职业感到不满，所以正在上学拿学位，同时还在学习其他技能。杰克那辆旧车最近彻底完蛋了，只能拖到废车场。杰克知道他的旧车散架只是时间问题，因此他立即从一位经销商那里买了辆二手车。由于在银行有存款，所以杰克就用支票付了全款——1800 美元。

a 底特律的巨头们：Detroit giants。此处指汽车制造商。底特律曾是美国最大的汽车生产基地。

买了车的第二天，车子的自动变速箱就开始大量漏油。杰克将车子开回去，销售员答应会把车子修好。从修理店把车开回来的两天后，变速箱又开始漏油。他向我来请教，于是我们详细讨论了他的选择——继续维修、再换一辆车或要回购车款——以及他如何去强势地应对问题。

第二天，在出发的路上，汽车不停地抛锚，重新点火极为困难，最后甚至还得他来推。把车开进经销商的停车场后，杰克便下定决心退货，再也不与这个二手车经销商有任何业务关系。

第 1 天对话场景：杰克走进销售办公室，跟卖给他车子的销售员交谈。

杰克：科兹先生，您卖给我的那辆车简直就是垃圾，我要退货。

销售员：怎么啦，小伙子？我以为星期五车子就修好了呢。

杰克：是的。我也这么以为，可昨天变速箱又开始漏油，而现在这车开起来比原来那辆更差劲，我要退货（迷惑法、自我表露法和“我是一张坏唱片”法）。

销售员：哦，我们跟变速箱店可扯不上什么关系，你得去找他们解决呀。

杰克：我相信您是那么认为的，不过我的钱付给了您，而不是变速箱店。我跟他们才扯不上什么关系，所以我要退货（迷惑法和“我是一张坏唱片”法）。

销售员：那是没道理的。你当然跟他们有关系。你把你的车子开到他们那里去了，不是吗？

杰克：是的。我可真笨，自己把车开到那儿，而没有坚持从始至终都让您来处理，不是吗（否定决断法）？

销售员：不是的，这种事情就是那样干的。我来给你解释解释，这种事是怎么运作的吧。你看，我们是言出必行的！你的问题，不在我们这儿！我们跟变速箱店可没任何关系！你的问题在他们那儿，你去他们那里解决变速箱的问题吧，我们这里对变速箱可是无能为力的。我们实在没有那种设备，这就是我让你去那儿的原因。

杰克：我完全明白，你想要我去变速箱店，不过我不打算那样干。我跟他们之间并不存在问题，我跟你们之间才存在问题，所以我想退货（迷惑法和“我是一张坏唱片”法）。

销售员：要是你一定要这样，我很乐意马上打电话让他们来，并且替你跟他们说说。

杰克：科兹先生，假如您想给变速箱店打电话，那就打好了，不过，您打电话让他们过来，是为了您自己，而不是为了我。我承认把车放到了他们那里，并且后来又提走了车，但我跟他们没有任何关系。我不在乎您怎么处置这车。我只是想退货（迷惑法和“我是一张坏唱片”法）。

销售员：（冷冷地看着杰克）要是你担心我们售出汽车、却负不起责的话，那就算了吧！我们会替你把变速箱修好的。

杰克：科兹先生，我相信您是那么认为，不过第 1 次您就这样说过，可并没修好。说实话这之后，您再跟我这样说，我就不相信了（迷惑法和自我表露法）。

销售员：不能这样，小伙子。我不辞劳苦，当时就让人修理你的汽车。变速箱店没把工作做好，这可不是我的错。你没有理由对我说那样的话，我们会把车子修好的。

杰克：我相信您真是那样想的，科兹先生，不过我还是不相信您说的，所以我想退款（迷惑法、自我表露法和“我是一张坏唱片”法）。

销售员：好吧，假如你是这个态度，我就无能为力了。

杰克：也许是那样，不过我还是想退款（迷惑法和“我是一张坏唱片”法）。

销售员：我可没法儿给你退款。文件都已经在萨克拉门托[a]办理过了。我们可无法更改法律文件。那是你的车子，汽车登记到了你名下，对此我无能为力。

杰克：我相信您真是那样认为的，所以咱们这么办吧。您跟我一起去跟主管谈谈吧，他是能给我退款的人（迷惑法和可行折中法）。

销售员：哦，我不知道史密斯先生今天来没来。

杰克：可能吧，不过要是您不开始着手处理我的退货问题，那我还是想见见他（迷惑法和“我是一张坏唱片”法）。

销售员：我打个电话看看。（拿起电话，拨号，跟电话那头的人交谈，然后对杰克说）他要明天才会过来。

杰克：好吧。我们明天什么时候见他呢？

销售员：他一般上午9点左右到。

杰克：那9点半您会在这儿吗？

销售员：当然，我整天都在这儿。

杰克：很好，那么史密斯先生到了的时候，我想请您跟他说说。告诉他，我想要咱们3个人在9点半钟碰面。行吗？

销售员：我没有问题。

杰克：好。顺便说一下，这是那辆汽车的钥匙。

销售员：我们可不需要您的汽车钥匙。

杰克：我明白您的感受，不过我打算把车子就停在外边。挡住了你们的车道，您也许会想把车子挪一挪的（自我表露法）。

---

a　萨克拉门托：Sacramento。美国加利佛尼亚州的首府，是靠近萨克拉门托河的港口城市。

销售员：把车子开走吧，你需要交通工具呀。明天上午咱们就会把这事儿了结掉。

杰克：是的，不过我打算把车子留在这儿（迷惑法和“我是一张坏唱片”法）。

销售员：随你的便吧，不过得把车子停在街上。

杰克：我把车子还给您。我并不在意您将它停在哪儿（自我表露法）。

销售员：（没有回答。一声不吭、严肃地抬头看了看杰克，接着低头看了看办公桌上的钥匙，用一根手指头扒拉着钥匙）

杰克：明天9点半见（离去）。

那天下午，在离开二手车店停车场不久，杰克给银行打了电话，要求停止支付他开的那张支票。银行告知他，已经从账户划走了1800美元。尽管这样，杰克还是决心坚持自己的权利，将钱要回来。

第2天对话场景：杰克跟科兹先生一起走进史密斯经理的办公室。

经理：请坐。我听说您的车出了点儿毛病。

杰克：是的，所以我要求退回我所支付的购车款。

经理：您为什么不想要这车了呢？

杰克：昨天科兹先生跟我已经谈过这个问题了，您跟他讨论过没有呢？

经理：讨论过了，不过，好像我们只要把变速箱修好，就什么问题也没有啊。

杰克：我相信您的确是那样认为的，不过我不相信，所以我想退款（迷惑法、自我表露法和“我是一张坏唱片”法）。

经理：难道您是在说，我是个骗子？

杰克：我确实认为您相信自己所说的。事实是，我不相信您说的。之前你们也对我说过保证修好之类的话，所以我并不相信这样的话。我想退款（迷惑法、自我表露法和“我是一张坏唱片”法）。

经理：（沉默了一会儿）您不喜欢这辆车，那好吧。有很多汽车，我自己也不喜欢。跟您说吧，我准备这么办。您跟鲍勃到停车场去，选一辆您想要的车，而我们把您原来那一辆收回，只要调整价格就行。这可是个合理的提议啊。

杰克：这看上去像是合理的提议，不过我不想再买您这儿的车。我只是想退货（迷惑法和“我是一张坏唱片”法）。

经理：您担心更换后的车子车况不好吗？您先开上一星期，若是不喜欢，我们会再给您换一辆。假如您需要，我可以帮您挑一辆。事实上，我们这儿有很多您的确喜欢的小型车。我们可以等价更换。鲍勃，到后面停车场，去把那辆红色的小型乔比车开到前面来。

杰克：我相信那是一辆好车，史密斯先生，不过我不想再要你们的车。我只是想要退货（迷惑法和“我是一张坏唱片”法）。

经理：哦，退货是不可能的。所有的法律表格都已经送到萨克拉门托去了。那车是您的，是登记在您名下的。

杰克：我不明白。要是你们可以把车收回并给我换一辆，那么你们把车收回并把车款还给我，又有什么做不到的呢（自我表露法）？

经理：换车是没有问题的。我们只要递交一份修正书，改正汽车登记表上的差错就可以了。

杰克：我还是不理解。递交一份修正书，说明是退货而不是换车，怎么就不行呢（自我表露法）？

经理：咱们就是不能那样做。

杰克：我相信您确实是那样认为的，不过我仍然要求退车返款（迷惑法和“我是一张坏唱片”法）。

经理：您为什么就不能换一辆车呢？那样的话，问题不就都解决了吗。那可都是好车。

杰克：可能吧，不过我可不想再冒风险，再来听你们的借口。我只要求退货（迷惑法、自我表露法和“我是一张坏唱片”法）。

经理：（对科兹先生）鲍勃，让我来处理这个吧。你回停车场去。（科兹先生走了，他转身面对杰克）您是对他处理维修一事的做法不满意吧？我不会怪您，我自己也不怎么待见那个狗东西。就我们俩，您和我，来商量商量吧。我会亲自去看着他们修好您的车，或帮您另外物色一辆。我当面向您保证，一定做到。这样您觉得公平吗？

杰克：我之前就说过，这听上去很公平，可我不想再修理那辆车，也不想再换辆车。我只要求退货（迷惑法和“我是一张坏唱片”法）。

经理：您的要求太过分了。我办不到。

杰克：我相信您是那样认为的，那么，您上头是不是还有领导呢，他有权来办这个吧（迷惑法和可行折中法）？

经理：您得去跟店主谈才行。

杰克：我们什么时候能见到他？

经理：他吃过中饭后就会来。

杰克：下午2点钟怎么样？

经理：我没问题。

杰克：（起身离开）请您安排一下，咱们明天下午2点在这儿会面吧。

第3天对话场景：史密斯陪同杰克走进店主办公室，介绍了杰克的身份之后，就离开了。

店主：请坐吧，别拘束。您的汽车怎么啦，弄得这么鸡飞狗跳的？

杰克：史密斯先生跟您说明情况了吗？

店主：是的，可您为什么非得退货呢？

杰克：我对这车不满意，所以想退货，拿回我的购车款。

店主：这车怎么啦？

杰克：要是史密斯先生跟您说明了情况，您应该很清楚啊。

店主：好像我们一直都在竭尽全力让您满意啊。我们会修好您的车，或给您换一辆的。那样处理有什么不对呢？我觉得这可是桩很不错的交易呀。您知道，我们不是对每个顾客都那样的。

杰克：我相信你们不是，不过我对这车或换辆车没有兴趣。我只要求退货（迷惑法、自我表露法和“我是一张坏唱片”法）。

店主：哦，那是不可能的。

杰克：我相信退货返款确实不容易，可我只想退货（迷惑法和“我是一张坏唱片”法）。

店主：可我们只想做到公平合理。您为什么就不能通情达理一点儿呢？

杰克：我相信你们想公平合理。我想退货（迷惑法和“我是一张坏唱片”法）。

店主：假如因为自己改变主意了，随便来个汤姆、迪克或哈利之类的，每个人都可以堂而皇之地过来把钱拿回去，您觉得整个贸易界会变成什么样子呢？要是我们那样做，您觉得我们的生意又能维持多久呢？

杰克：我可不知道。

店主：好吧，我们不能那样干。

杰克：我相信您的确是那样坚决认为的，不过那车就在您的停车场里，钥匙也在您的桌子上。我可没打算把车开回去，我要退货（迷惑法和“我是一张坏唱片”法）。

店主：那样的话，您的态度可就是不通情理了。

杰克：可能吧，不过我还是要求退货（迷惑法和“我是一张坏唱片”法）。

店主：假如您在生活中也那样，那您是根本没打算过得顺心如意哦。

杰克：您也许说得对，但我还是要退货（迷惑法和“我是一张坏唱片”法）。

店主：（发起脾气来，起身，抓起车钥匙，将它们扔在办公桌上，吼起来）你这个该死的、不谙世事的小流氓，自以为你无所不能。到这里来，自以为你很聪明。只有你这样的二流子，才会不遵守协议。狗娘养的！

杰克：（平静而沉着地）我相信这事儿让您感到不舒服，不过我想尽快拿回我的钱。今天除了这事儿，我可还有别的事要干（迷惑法、“我是一张坏唱片”法和自我表露法）。

店主：（张口结舌，瞪着杰克。沉默了一会儿，他恢复了常态，对杰克笑了笑，绕到杰克所坐的地方，态度来了个180° 大转弯）我很高兴您来见我，这样咱们就可以把这事儿解决掉。在咱们这行业，得到顾客的口碑最重要。我们下楼到出纳室去，让出纳给您开张支票。今后不管什么时候，假如您想再买一辆车，您尽管到这儿来找我本人。我会给您大幅优惠的。咱们的车，可是全市最好的（为杰克打开门，走到大厅，一只胳膊搭在杰克肩上。他一边微笑着，一边跟杰克说着自动开关式电视广告中的那位名人）。

上面的每次谈话之前，杰克都会联系我，把他处理的情况反馈给我，并让我给予进一步指导。我们讨论了销售人员可能表现出的操控行为或“争斗—逃避”行为，我也指导过杰克怎样应对。我们准备应对的那些具体行为，恰恰就是杰克碰到的，甚至连店主退款前抓起车钥匙、将钥匙摔在桌子上、咒骂杰克的行为，也都预测得分毫不差。

对于这种预料中的勃然大怒，杰克只是冷静回应：“我相信这事儿让您感到不舒服，不过我想尽快要回我的钱（而不是：我能要回我的购车款吗？）。今天除了这事儿，我可还有别的事要干。”

对于我们仔细准备的结果，还有他自己的现实表现，杰克都很满意。我们甚至还准备好应对这样的可能性，那就是第一位销售员可能会沮丧、生气或紧张，可能会离开，这样杰克就得给他打电话，或采取他走到哪儿就跟到哪儿的方式——这种情形不太可能会发生，因为：

1. 那名销售员的工作就是应对不满意的顾客，他很可能具有成功推诿顾客的丰富经验；

2. 杰克经过了充分训练，能够在冷静平和地赞同销售员观点的同时，仍然坚持自己心中的立场——是维修、换车，还是退货。

在杰克和店主会面后，还没等我问进展如何，他就把一张支票递过来，笑着说：“这真是十拿九稳啊。”杰克的这次遭遇，尽管效果理想，但有一点必须记住，才能清晰地复制杰克的成功。

当杰克把成功经历告诉我的一位同事，同事立即问了我一个问题：“您怎么知道要告诉杰克些什么呢？您又怎能准确地预测出销售员和店主的行为呢？”这很简单，并不神秘。大约20年前，我还是个学生时也跟二手车经销商有过类似遭遇，这回我只不过是根据亲身经历，做了一个聪明的猜测罢了。其实人类发展到现在，“争斗—逃避”的应对模式并没有发生太大的变化。在可能发生什么、如何强势地应对、怎样应对等方面，我给杰克的建议，仅仅是基本自主技能这块蛋糕表面上的糖霜而已。在还没有面对他人的操控时，我们就要推断出他们会如何、并在何时采用“争斗—逃避”行为来应对自己。

杰克通过学习，不但恢复了自尊，也使别人无法再操控他的行为。即便杰克没有决定退货，或那位店主拒绝退货，杰克也仍然达到了他的首要目标——能够直面他人，说出自己心中所想，而不会感到害怕或受人摆布，以此来解决分歧。这些方面，他都做到了。

下面这组对话会表明，对于另一种人际关系“病人看病和医生行医”中产生的冲突，应该如何强势地应对。

对话 15．病人与医生之间——处理好焦虑心理，理性地面对需求

在这组对话中，一位正在学习自主技能的玛丽女士，跟医生就她担心的事进行了讨论，而第二个人则是一名精神病医生，他应对的是一位不切实际、强人所难的患者父亲。

玛丽是位老年妇女，患有轻度脑中风，这病曾使她暂时丧失行动能力 6 周。玛丽跟我说，在好几件事上，她都无法跟医生沟通，最重要的一件是，中风治愈后，她想重新口服雌性激素，可医生却老给她注射，每次都弄得臀部疼上好几天。用玛丽的话来说就是：“我怎么能跟他这样的人说呢？在服药这个问题上，他可比我懂得多。”

许多人（包括一些自以为是的医生）将“上级—权威”关系跟医患关

系混淆了。医生并不是玛丽的最终评判者，可以规定她在就医时“应当”或“不应当”干什么。为了获得她所想要的治疗，玛丽跟其他非自我肯定型的患者一样，不得不面对残酷的现实：医生是一位技术顾问，他们会推荐某些特定的治疗程序，而这些程序有可能治愈疾病。

作为患者，玛丽仍然可以我行我素，自己决定要干什么不干什么，并且无论是否按照医生的建议进行治疗，最终都由她来承担责任。而另一方面，医生所负的责任，是是否提供治疗。残酷的现实，也要求他强势地制订出限制措施。医患之间的基本关系，是一种需要双方就治疗程序进行协商的关系。实际上这是一种平等关系，而不是权威人士吩咐你做、你却毫无选择余地的关系。

可是玛丽担心，假如她在医生面前坚持自己的权利，医生可能就不会再在意她的健康，或把她推给别的医生。其实，玛丽已经找这位医生看了20多年的病了，她已经把他当成了家庭医生，并且很信任他。所以医生也不太可能选择极端的方式，来应对一位老年病人。即便他不再善待玛丽，玛丽也可以从其他渠道获得专业建议，将他弃如敝屣。

若是一位专业的保健医师，拒绝复查病人所质疑的治疗程序的话，我本人是万万不会让他来给我的小狗治疗皮肤痉挛的，更别说让他来给我看病了。下述对话表明，玛丽的医生能够应对她的强势，还满足了她的心愿。

对话场景：玛丽走进贝克医生的办公室，坐下来。

医生：哦，玛丽，护士跟我说，您的血压只有140/80。比3周前大有起色呀。

玛丽：我一直都在按您说的，进行锻炼、放松心情、舒缓精神呢。

医生：不错！不错！让我看看您的胳膊。您的手腕能转动了吗？

玛丽：这个星期好点儿了。我的手指动起来还是有困难，抓不住东西。

医生：假如您坚持锻炼，手指的情况很快就会改善的。

玛丽：现在我的胳膊能完全举起来，还能抡动了。上周还做不到哩。这下我放心了。

医生：情况会越来越好的。我要您继续服药，随着血压逐渐回复到正常水平，咱们也会逐渐降低剂量。记住，您得终生服药才行。不能因为觉得好些了，就停止服药。

玛丽：我不会的。我可不想再遭罪了。

医生：好的。您看上去气色很不错。过几天我再给您看看。我会让护士提前安排好的。

玛丽：医生，我想跟您谈谈您给我开的激素。我想重新开始用这种药，这药非常不错，用药后，感觉腿脚非常轻松灵活（自我表露法）。

医生：当然。我也觉得这药管用。我开张单子，您现在就可以打一针。

玛丽：这正是我想跟您商量的事儿。我想用激素，不过我不想打针。护士用那么大的针管扎我，让我好几天坐都没法坐。我想要些丸剂（“我是一张坏唱片”法和自我表露法）。

医生：（若有所思地看着玛丽）激素注射效果要好得多。打一针就完事了，您下次再来看病之前，都不需要再打了。

玛丽：是的，不过我更喜欢丸剂（迷惑法和“我是一张坏唱片”法）。

医生：要是我给您开丸剂，您得记住每天吃才行。

玛丽：是的，我得记住，我更喜欢丸剂（迷惑法和“我是一张坏唱片”法）。

医生：玛丽，开丸剂的问题是，很多像您这样的女性都滥用激素。她们觉得，如果两颗让她们感觉舒服的话，那么四颗舒服就会加倍，最终她们就会服用过量。

玛丽：我相信她们是那样的，不过我还是想要口服丸剂，不想再打那些该死的针（迷惑法和“我是一张坏唱片”法）！

医生：玛丽，您这次中风，问题已经够多的了。您何不现在先打一针，等下次过来的时候，咱们再商量丸剂的事呢？

玛丽：那时您就会给我开丸剂了（可行折中法）？

医生：我还想跟您再谈谈这个问题。

玛丽：我能理解，但我还是想要丸剂，再也不想打那些该死的针了（自我表露法和“我是一张坏唱片”法）。

医生：（看了玛丽一会儿）我跟您说，这么办吧。我给您开够从现在到下次你再来看病这段时间里服用的剂量，到时咱们再看看情况如何。好吗？

玛丽：好吧。这对我来说太好了（可行折中法）。

玛丽说，她很高兴，因为医生对她的强烈愿望做出了反应，她还觉得，由于她强势地坚持，所以他们的关系也变得更好了。虽然她认识贝克医生20多年，但在他面前她总是感到紧张。在成功地应对了医生之后，玛丽面带温柔的笑容，说她自己更有掌控力了，可以更自在地去跟医生谈论中风方面的一些真正问题了。

导致医患之间关系恶化的原因之一，就是医生没能应对好病人的焦虑心理，也没能应付好病人提出的特定治疗要求。有些医生面对需求，只知道愚弄病人、恼羞成怒赶病人走，让病人去心理治疗师那儿治好心理疾病再来。这种方法本来应对焦躁症患者和癔症患者的，还有尚待改进的地方。这种方式，与我的亲密同事、精神病医生阿贝尔的做法，形成了鲜明对照。

阿贝尔发现了一种优秀的模式，他会在跟病人或病人亲属交谈时，强势地限定自己的治疗行为，并且解释清楚。这些限定（通常是拒绝病人的某种请求）可以用于应对所谓“歇斯底里”或“愚蠢”的病人，而且对患者本人也有好处。用这种更实在的方式来应对，根本无损于阿贝尔的技术和能力，他是第一个这样坦承的人：自己和全科医生不同，不能带有操控性地说某患者歇斯底里、不可理喻、把他推给心理医生，从而推卸掉自己的责任。有些患者的要求，从职业操守角度来说他无法赞同，而阿贝尔开发的这种应对法，的确非常管用。

最近，我就如何应对精神病患者父母的问题，向他咨询。那时阿贝尔正要跟一位16岁的精神分裂症患者的父亲会面，他便邀请我去旁听。

对话场景：自5天前患者住院治疗以来，患者父亲詹尼克先生已经看到，儿子的行为有了显著改变，所以他想带儿子回家过周末。

詹尼克先生：大夫，我们真的很高兴把他送到了您这儿。拉里差不多回复正常了。

阿贝尔：我看得出，拉里病情的改善肯定让您甚感欣慰，詹尼克先生。不过到他回复正常，还得好一阵子啊（迷惑法和“我是一张坏唱片”法）。

詹尼克先生：他又开始跟我说话，不再只是耷拉着头、一声不吭了。我知道他好多了。

阿贝尔：他是好多了，不过我可不想您对他的康复过早地抱有期待（迷惑法和自我表露法）。

詹尼克先生：昨晚我们探视过他，我妻子跟我说，想在这个周末带他回家。

阿贝尔：尽管拉里的病情有改善，但我觉得现在回家还不是很明智（迷惑法和自我表露法）。

詹尼克先生：他姐姐就要从大学回家度假了。我妻子想让他回家看看姐姐。她5个月都没见到弟弟了。

阿贝尔：我相信您女儿肯定想要见他，不过拉里的健康状况还不适合回家，即便只是过周末。您周末带她来这儿看拉里怎么样（迷惑法、“我是一张坏唱片”法和可行折中法）？

詹尼克先生：我可不想让她见到拉里住在精神病院里，那样她会难过的。

阿贝尔：我相信您不想，可她现在是个大姑娘了，我认为她必须面对弟弟患有间歇性精神分裂症这一事实才行（迷惑法和自我表露法）。

詹尼克先生：我只想让拉里到家里去见见她。您就不能给他开一些周末吃的药，让他整个周末都没事儿吗？

阿贝尔：我能开，并且给患者签发了出院许可之后，我也确实要开药的，不过在拉里康复的这个阶段，我可没有什么药，能让他控制住家人团聚带来的紧张和兴奋。真希望我有药可开啊（迷惑法和否定决断法）。

詹尼克先生：我觉得可以冒冒险。我想周末带他回家。

阿贝尔：我相信您想那样，詹尼克先生，但我不会批准拉里这个周末外出的（迷惑法和“我是一张坏唱片”法）。

詹尼克先生：您不能阻挡我带儿子回家。

阿贝尔：您说得对，我不能阻挡您，而我也不想那样做。不过，如果您拒绝遵循我的治疗方案，我会让您儿子出院，由您自己照料。您可以签个“A.M.A.”（拒遵医嘱），领他出院。您自己决定吧（迷惑法、自我表露法和可行折中法）。

詹尼克先生：那样不就太过分了吗？我不过是想带拉里回家过周末而已。

阿贝尔：我相信对您来说，似乎是有点儿过分，詹尼克先生，不过我觉得拉里还没准备好面对家人，而我也没有其他符合职业道德的选择。我希望我有，可是……（迷惑法、“我是一张坏唱片”法和否定决断法）

詹尼克先生：这家医院是您在负责吗？我要跟您的老板谈谈。

阿贝尔：要是您想那样，您可以去跟管理部门谈，不过说实话，我觉得您从他们那儿，只能得到奉承和讨好的话。他们不会干涉我如何治疗病人，而我也不会干涉他们如何管理医院。尽管这样，我还是会替您跟他们约一下，要是这样做能让您舒服一点儿的话（伸手去拿电话）（自我表露法和可行折中法）。

詹尼克先生：不用！别麻烦了。我星期五下午来接我儿子。

阿贝尔：我会让住院部的护士填写A.M.A.出院证明，准备好放在那儿的。我也会去跟拉里谈谈，看看能不能帮助他做好出院准备，还会开出三十天的镇静剂。好吗（可行折中法）？

星期五下午，拉里的父亲接他出院了，而星期一上午9点，他们又回到阿贝尔的办公室，这时，拉里父亲有了不同的看法。尽管整个周末都没停药，但因为家人团聚，拉里的行为和情绪都改变得很厉害。尽管起初阿贝尔和患者父亲的交锋是一场灾难，但此后它却带来了莫大的好处。

一个重要的改变就是，阿贝尔再跟这家人说什么，他们都明白他是认真的——他不会说令人困惑或模棱两可的话，也不会因为患者父母不听建议就责怪他们。他只是指出那些他觉得可能不好的处理方式，然后让他们自己决定。从阿贝尔身上，患者父母认识到自己也能做同样的事，而他们也真的做到了！

Chapter 9

职场人际关系——应对上级或专业人士

很多时候，关于如何行事的规则是看不见的。不像正式的商务交易，所有规则都说得明明白白，有法律合同和法律程序，大多数学员都严重依赖于这种结构，以此指导他们“能”或“不能”干什么。这时他们坚持起自己的权利来，就会觉得更自在。要是这种规则和指明“应当”如何行事的、约定俗成的结构不明显，那么初学者就会感到担忧。

要是汽修工把你的车子修理得一塌糊涂，那么你可以排练好自己的愤怒之情，“毅然决然地”对付他，可你跟老板的关系，与你跟汽修工不同，你对老板也能这样干么？

你跟老板的这种权威式的人际关系中，包含了很多未知的结局。假如汽修工不喜欢你，他能怎么样？不能怎么样！可是，假如老板不喜欢你说的话，他会炒你的鱿鱼吗？他会降你的职吗？他会把讨厌的活儿都安排给你吗？这些后果出现与否，取决于你是否能强势地跟老板达成折中办法。

与掌权之人达成折中方案，就是本章的主题。

我使用的“权威”一词，含义之一，就是指有权让你听从吩咐去做事的人。比如父母跟子女、主管跟员工，都是这种关系。“权威”还有另外一种含义，即指专业知识，比如师生关系或演讲者和听众的互动关系。在这些关系中，预先确立的先验结构是，学生向老师学习知识，老师给学生的学业打分。学生年纪越小，老师承担的权威责任越多。

你也许会感到好奇，我为什么会强调医患关系的平等性，而不强调权威性呢？要知道，“医生”这一称呼的最初含义正是“老师”。为什么不能因为医生具有专业医学知识，就简单地把医患关系归入权威式关系这一类呢？

起初，我想当然地认为，任何一位看病的医生，都会教我许多健康知识，就像汽修工会教我汽车知识一样。我以为自己所处的是一种商务关系，你可以强势地要求对方，把用药、后续治疗、并发症、诊疗费用等相关的一切都说得明明白白。这样比喻一下你就清楚了：你会信任一名陌生的汽修工，让他给你那辆要参加蒙特卡洛汽车大赛的梅塞德斯 - 奔驰大修吗？谢天谢地，大多数涉及专业知识的权威式互动关系，并不像医患关系那样，可能给我们的健康带来严重的危害。

还有一种更有意思的“专业人士兼权威”式的关系，就是演讲者和听众的关系。这也是一种预先在结构上偏向一方的关系。演说者答应演讲，听众也同意倾听，双方一致，初始角色很明确。专业人士将信息介绍给听众——学生、同事、社团成员等等——而听众则通过掌声（但愿如此！）和提问来对演讲做出回应。双方的其他互动，则需经过协商来确定了。比如，演说者用什么方式演讲、在什么环境演讲、涉及或禁止什么内容，这都取决于演说者在听众面前的强势程度。

像面对民众做演说的领导人一样，强势地进行应对，有助于你在这种艰辛领域立足：知道自己想说什么，知道怎样把自己掌握的知识说出来，知道在面对批评者、捣乱者时，怎样勇敢表达自己的观点，最后，知道如何让听众信任你。

在一些权威式关系中，先验性结构相当少，所以强势的态度尤其适用。比如，在求职面试时，由于时常被问到蠢问题，所以求职者只能努力去描述自己掌握的技术和能力，来让面试官认为值得录用。

下面对话的重点是：以某种关系的现存结构为基础，达成相互妥协，同时减少操控性结构。在权威式互动关系内部尝试更好地应对，无论对下属还是对掌权者，都是正当的。员工可以强势地坚持自己的权利，应对老板的操控；老板可以根据双方都认可的工作制度，在员工面前强势地坚持自己的权利，也可以在没有既定程序存在的“灰色区域”里这样做。

让我们来看一看第一段对话。这段对话，应对的是权威式互动关系中出现的冲突：一名员工自信地应对老板，拒绝老板在非上班时间提出的过分要求。

对话 16．迈克拒绝上司的加班要求
——坦率说出自己想要什么、不想要什么

迈克 18 岁了，最近他刚从高中毕业，找到的第一份工作就是在食品店当服务员。这家商店雇了 10 名员工倒班，每天营业 14 个小时，一周 7 天全营业。对这种企业来说，缺勤是个问题，员工流失率也高。还在高三的时候，迈克就兼职干过这项工作，毕业后又成了一名全职员工。他是一个正直负责的员工，除了坚持完成工作任务外，还总在经理的要求下，给别的“生病”员工代班。

迈克对这份工作又爱又恨。他喜欢给各种各样的人服务，可毫无规律

的工作安排，却干扰到了他的社交生活。更令人心烦的，是经理动不动要求他代班的习惯。尽管很讨厌加班，但他不知如何去应对经理提格先生的要求。他担心提格先生会疏远自己，担心要是坚持自己的权利，对经理说“不”的话，就会被炒鱿鱼。在自主培训组接受指导之后，迈克报告了下面这段对话。

对话场景：星期五深夜，迈克在家里，经理打电话来了。

经理：迈克，格雷病了，我要你明天上午来代班。

迈克：够呛啊，提格先生。我明天还有点事，来不了。

经理：哦，你必须取消，明天我需要你。

迈克：我相信您确实需要我，不过我就是来不了啊（迷惑法和“我是一张坏唱片”法）。

经理：是什么事呢？看医生？

迈克：不，没那么严重，我只是明天来不了（“我是一张坏唱片”法）。

经理：你有什么事呢？

迈克：是点私事，提格先生。只是一件我很久以来就想鼓足勇气去干的事，所以明天我来不了（自我表露法和“我是一张坏唱片”法）。

经理：你不能过两天再去干吗？你让我不好办了。

迈克：我相信是这样的，提格先生，不过要是我这次再拖，就很可能永远都干不成，这会让我恨死自己的，所以明天我来不了（迷惑法、否定决断法和“我是一张坏唱片”法）。

经理：可以这样安排啊，要是你明天来，星期天你就不用上班了。

迈克：我相信您会那样安排的，提格先生，可是我明天来不了（迷惑法和“我是一张坏唱片”法）。

经理：唉，这可让我为难了。我不知道，还能找谁来代格雷的班。

迈克：确实为难，不过我相信您会想出办法来的（迷惑法）。

经理：没关系，虽然为难，但我会找到人代班的。

迈克：我相信您会找到人的（迷惑法）。

经理：格雷星期二很可能也会缺勤。要是他没来，我还是想要你代班。

迈克：他可能会因病缺勤，不过星期二我也代不了班（迷惑法和“我是一张坏唱片”法）。

经理：那样的话，我找谁替他呢？

迈克：我不知道（自我表露法）。

经理：这样我可难以接受啊，迈克。你以前一直都很可靠呢。

迈克：我相信是这样的，提格先生。我不知道是怎么回事，不过以前无论您什么时候叫我，我都随叫随到，不是吗（迷惑法和否定决断法）？

经理：唔，我得另找一个指望得上的人才行了。

迈克：是的，不过您不妨在下次需要代班的时候给我打电话，看我有没有空。我也许能来，也许来不了。问一下也不会有什么损失的（迷惑法和可行折中法）。

经理：好吧。到时再说吧。

迈克：希望您能找到人代班。

经理：我会找到的，别担心。

迈克：那好，再见。

迈克说，跟老板谈话之后，对于自己的应对能力，他有了更大的信心。让迈克诧异的是，提格先生在试图达成一个迈克可以接受的折中方案时，能忍受到那样的程度。迈克本以为自己毫无选择，只能听从吩咐。但现在迈克觉得，提格先生已经开始尊重他的意愿了，遇到困难也愿意试着和他一起解决，而不再只是命令他干这干那了。

后来的几个月，迈克都用这种新的、坦率的方式应对提格先生，明明白白地告诉提格先生自己想要什么、不想要什么。提格先生适应了迈克的变化，并没有厌烦迈克的明显迹象。我猜想——只是猜想而已——提格先生以前认为迈克是乖孩子，需要加以掌控（并因此加以利用）。如今他既不会把迈克看作是需要命令的乖孩子，也不会把迈克看成不能信任的小混混，而会把他当成可以共事的成年人。

下面这段对话正好相反，它描述了一位主管，如何强势地应对想操控他的员工。

对话 17．萨姆让员工增加工作量——多使用迷惑法

37 岁的萨姆在一家大型企业工作，是一个小部门里边 14 名员工的主管。他所管的员工中，有几个人还是他的朋友，所以萨姆感到苦恼，不知怎样才能既保持友谊，又让每位员工认为他是一位公平的主管。尽管他相信“公事和友谊不能混为一谈”“老板不是为了赢声望”这样的信条，但萨姆觉得，要做一名强有力的主管，不一定非得冷漠地对待员工。

对话发生的时候，萨姆正处在很不好受的状况下。就在上星期，公司董事会召集所有部门主管开会，决定尽快实行经济缩减政策。开会时，萨姆向大会说明了自己部门存在的困难，表达了他对部门能否节省开支的疑虑。尽管听取了困难，大会还是决定所有部门都进行全面预算削减。

这种事自他受雇以来，已经发生过两次，每当萨姆不得不向员工说明，必须提高生产效率的时候，他都很紧张。他觉得以前应对这种状况时，自己的表现都很差劲，给人一种漠不关心、沉默寡言而“强硬”的老大形象，使他过后跟那些朋友相处时感到内疚。

下面这段练习对话，是为了帮助萨姆用一种不同的方式恰当地应对员工而设计的。萨姆得到的指令是：对于增加工作量的事，不要给任何理由，不要为董事会辩护，员工在反对增加的工作量时，只承认他们提出的事实，对于说部门有可能崩溃的任何话语，都表示赞同，同时，仍然要求员工配合执行。

对话场景：在工间休息时，萨姆走向一位朋友哈利，准备跟他说说增加工作量的事。

萨姆：（看到哈利在咖啡休息间，便向他走去）嗨，哈利。你有空吗？

哈利：当然有，萨姆。请坐。什么事？

萨姆：上周召开的大会，你听说了吗？

哈利：我知道开会了，不过我只知道这个。

萨姆：开完会，经济缩减计划也就定下来了。最终结果是，要求我们部门在未来3个月内增加15%工作量，但人员和预算都不增加。

哈利：这可真是个愚蠢的想法。老天！我们现在已经超负荷工作了，好不容易才完成任务。你跟他们说过这个吗？

萨姆：（微笑）我没有说他们是榆木脑袋。不过，我确实跟他们说过，我觉得相当困难。

哈利：他们说什么了？

萨姆：跟我告诉你的一样：增加工作量。

哈利：萨姆，我不知道别人怎么想，可我现在快要被累趴下了。我可接受不了15%的额外工作量。我一点都接受不了，更别说15%了。

萨姆：我同意你的看法，哈利。这办法可能没什么用，你和其他人都会很艰难。不过尽管这样，咱们还是得增加工作量（迷惑法和“我是一张坏唱片”法）。

哈利：那可真奇怪。你没跟他们说，这项政策在我们部门行不通吗？

萨姆：我赞同，这真是件怪事。他们不听我的提醒。你跟我说的，我都跟他们说了。只是说得更委婉一些（迷惑法）。

哈利：要是你不那么委婉，直接明说的话，没准儿他们会听取你更多的意见呢。

萨姆：或许吧（迷惑法）。

哈利：或许个屁。要是你夸张一点儿，态度坚决，他们就不会强人所难，要我们增加15%了。

萨姆：你也许说得对，不过咱们还是得增加这么多工作量（迷惑法和“我是一张坏唱片”法）。

哈利：可我现在焦头烂额才能完成任务。你是知道的。

萨姆：是的，哈利，所以不管什么时候，如果情况失控，我要你立即通知我。第一个月过后，我要你和大家都交一份备忘录给我，写出每个人的具体困难，这样，要是我不得不到上面去跟他们说明情况，我就有底气了（迷惑法和可行折中法）。

哈利：好啦，我觉得我可没法接受增加15%的工作量。

萨姆：你也许说得对，所以咱们首先会从小做起，看看情况如何。你的工作簿上目前有60件案子。接下来的两周，再从新案子中挑4件吧（迷惑法和可行折中法）。

哈利：萨姆！4件新案子至少得花8小时准备和记录，才能着手处理。我得加班才能干完。

萨姆：你也许说得对。要是你发现你根本抽不出时间来完成新的，还得加班才行的话，那就记下时间，我会把它定为咱们的加班时间的（迷惑法和可行折中法）。

哈利：好吧，我实在不喜欢这样。

萨姆：我也不喜欢，哈利。你心烦，我不怪你。不过决定权不在咱们手里，所以咱们还是来看看怎么解决吧，行吗（迷惑法和可行折中法）？

哈利：再说吧。

萨姆：行吗？

哈利：好吧。

这种针对萨姆的指责性对话重复了几次，每次萨姆面临的操控性挑战，从工会的抗议到朋友对萨姆的孤立，都各不相同。经过充分练习后，萨姆说，在真正面对员工时，他觉得相当自在，而员工也没有对他发脾气，基本上没怎么抗议、指责或试图操控他，就接受了增加的工作量。

让我们再次回到“反面”，看一看一名员工如何应对干涉她个人生活的雇主。

对话 18. 贝蒂应对干涉私生活的老板
——别害怕，也别发脾气

贝蒂是一位活泼、很迷人的年轻秘书，最近刚离婚。离婚后贝蒂面临的主要问题，是老板讨厌的干涉。老板是一位年长已婚男子，当时，贝蒂

从一个稳重的已婚女性变回活跃的单身女子，经受了情感和行为的双重危机，而他则像父亲那样照顾她。尽管让老板知道她的私事不太好，但让老板就此不要过问，她也说不出口。

过去几个月来，他一直在查问她离婚后的生活安排。当她说，自己准备搬到某栋公寓去住时，他马上就说，不应当住在那栋公寓里，应当住他所说的另一栋公寓。他还查问她的社交生活，而她把约会的那些男人告诉他之后，他又指出，她不该跟这种人交往，以及为什么不该交往。他甚至还过问贝蒂的其他事。当贝蒂说她正在上夜校和学骑自行车时，他又指导她，说应当参加哪些培训班、应当骑哪种自行车。她几乎把他等同于父亲了（后来她应对父亲时也很成功）！

贝蒂花了数周时间，来练习如何自信、果敢地应对老板。自然，她的目的是不再害怕他，但同时她自己也不能发脾气，不能斥责他，以免破坏了工作关系，那样就可能面临辞职或辞退了。她的目标是：

1. 对于老板出于好意、但仍属于干涉的话语，她得让自己不再那么敏感；

2. 让老板根除干涉的习惯。她希望，老板能把她当作一个有责任心、尽职尽责的成年女性，而她的私人生活并不需要他指手画脚。

对话场景：贝蒂坐在办公桌后，老板走出办公室，跟贝蒂交谈。

老板：今天怎么样啊？

贝蒂：还不错。

老板：正在弄这个月的合格清单？

贝蒂：是的。

老板：有问题没有?

贝蒂：没有。

老板：我希望你把本月的清单弄得比上个月好一点儿。

贝蒂：上个月真是一塌糊涂，对吗（否定决断法）?

老板：确实是。

贝蒂：我早知道了！天哪，我没有搞砸吧（否定决断法）！

老板：我希望你尽快安顿下来，这样你就不会心烦，不会影响到工作了。

贝蒂：言之有理。我也希望这样（迷惑法和自我表露法）。

老板：你决定好上哪些培训课程了吗?

贝蒂：已经决定了几科。

老板：你不会去上中世纪文学课吧，对吗?

贝蒂：我还没决定好呢（自我表露法）。

老板：你不该去上那种课，那纯属浪费时间。

贝蒂：是的，可能是这样吧（迷惑法）。

老板：唔，那你打算去上这课吗?

贝蒂：也许吧，我还没决定好（“我是一张坏唱片”法）。

老板：你应该去上些实用的课程，这样才能学到有价值的知识。

贝蒂：您也许说得对。我决定好了再说吧（迷惑法）。

老板：哦，我希望你做出明智的决定。

贝蒂：我也希望如此（自我表露法）。

第二天，贝蒂就跟我说了这次交谈。她发现，仅凭一次快速、果断的对话，并不足以消除她每天都会面对的操控行为。她必须在别的话题上（比如说和男友约会）多次重复，直到老板不再对她的私生活横加干预为止。

自从在老板面前变得强势之后，贝蒂工作时就舒服多了，而上班犯错的次数也大幅减少。贝蒂说：“现在我盼着去上班。我觉得自己有所作为，干的工作也有意义。”不出所料，贝蒂开始寻找更好的工作，寻找比文秘更有意思、责任更大的工作，2个月后，她成了一名办公室主任助理。

贝蒂也采用更强势的态度来对待男友们，尤其是她最喜欢的斯坦。他们在性关系上发生了惊人的变化。在与斯坦发生性关系的时候，她开始能跟他一起达到高潮了，这种情况以前只是偶尔有之。

你可能难以应对下面这种极为紧张的情况：求职面试（或其他面试）。你可以看一看，在接下来的对话中，两名学员是怎样强势地应对面试和面试者提出的问题的。

对话19．米尔特和迪伊参加面试
——不要掩饰紧张，承认它

这是米尔特在研究生入学面试时的对话。

米尔特是聪明而年轻的大学生，有天下午，他匆匆忙忙地加入我的自主治疗小组。是我的一位同事让他来的，同事之前见过米尔特，认为米尔特可以让自己表现得更强势一点。

带着一丝紧张，米尔特上气不接下气地给全组解释说，第二天他要去接受某所医学院一位男校友的面试。他的辅导老师跟他讨论，对他提出面试官可能想知道的几个问题，听了听米尔特的回答方式，就让他赶快到治疗小组来。我们本来觉得，在这样短的时间内（其实我们对所需时间的预计，简直大错特错），基本上不可能让他增强自信心，米尔特也承认，但他

还是想看看，即便只训练一两个小时，能不能让他在面试时稍微放松点儿，让他看上去不傻。

于是，那天下午我们进行了一场模拟面试，大家轮流扮演面试官，既会提关键的问题，也会提相当愚蠢的问题。这些问题，我们自己曾经都被人问过。当一人扮演面试官时，其他人则指导米尔特怎样去强势、自信地谈论自己，谈论想读医学院的原因。在区区 2 小时里，我们排练了好几段对话，最终的修改版本如下。

对话场景：上了年纪的校友医生请米尔特走进他的办公室，隔桌相对而坐。

医生:（看着手中的文件）看上去，您准备的申请写得不错，并且很全面。

米尔特：谢谢您。我花了不少时间来准备（自我表露法）。

医生:（现在看着米尔特）告诉我，您为什么想当医生?

米尔特：我确实不知道怎样回答才算好。我相信我应该知道，可事实上我不知道。我有各式各样的理由：我一直都想当医生；我有许多兴趣，不过医学对我最有吸引力；我喜欢人们，喜欢跟他们打交道并帮助他们；我喜欢解决问题、探究事理；我喜欢既动脑、又动手……您是不是觉得我东拉西扯，说得太多呢（自我表露法、否定决断法和否定询问法）?

医生：没有，请接着说。

米尔特：好的，那我只拣重要的说吧。我喜欢在实验室工作。生物学令我神往，作为一名加州大学洛杉矶分校医学中心的志愿者助理，我很喜欢跟患者打交道。我喜欢当一名专业人员。我在考虑要当医学博士的时候，想到的就是这些。（然后笑起来）我还听说，医生的薪酬也很不错（可行折中法)。

医生:(没有笑)是的。那么，您为什么特别想上南方某某医科大学呢?

米尔特：我并没有一手资料，不过我跟来自不同学校的很多医学博士谈过，他们告诉我说这所大学培养研究生很有名。我想在一个有声誉的学校拿到医学博士学位(否定决断法)。

医生：此后的5年里，您都想干什么呢?

米尔特：我希望能以某种身份行医。

医生：什么身份呢?

米尔特:(未经指导，米尔特自行回答)我还不知道。全科诊疗很吸引我，因为病人会带着各种问题来找你。我对精神病学也很感兴趣(自我表露法)。

医生：精神病学和其他专业，在你毕业实习后，至少还得有3年驻院诊疗经历才行。

米尔特：对，是这样。不过我觉得，假如做的是自己喜欢的，时间会过得很快的(迷惑法和自我表露法)。

医生：您毕业5年后想干什么呢?

米尔特：这我还真的不知道呢。这很大程度上取决于我在医学院的经历。我觉得，我不会直接去开私人诊所。我想先在医院的住院部工作一阵子，直到真正明白自己想做的事再说(自我表露法)。

医生：您似乎对自己没有信心啊，你好像在说自己不够自信，没法独自行医。

米尔特：我相信听上去是这样的，不过那并不是我的本意。我觉得自己可以成为一个超棒的医学博士。我足够聪明，对这感兴趣，学习也努力。我并不担心弄脏我的手(迷惑法和自我表露法)。

医生:(有点儿嘲讽地)哦，我们会尽量教您不弄脏手的。我一直在看您的成绩单，除了一个方面，您的分数似乎都不错。您在有机化学这一科只得了个“C”(抬头看着米尔特，要听他的解释)。

米尔特：是的。有机化学是我的薄弱环节之一。我一直都在重新旁听这一课程，还找了一个朋友辅导我。有机化学对于我来说，就像三角学。我花了3周，才弄明白三角学的内容。不过现在我觉得没什么问题了，我正在重修有机化学，希望能得“A”，至少得个“B”(迷惑法、否定决断法和自我表露法)。

医生：医学的要求很高，尤其是对像我这样的全科医生。有时我真希望自己从未踏入过这一行呢。病人会纠缠你，护士令人生气，家属令人生气，别的医生也会让你生气。大家都希望你能解决问题，所以你不得不长时间工作，但有时却一无所获。您怎么知道自己承受得住这种压力呢?

米尔特：您说得对，我无法向您绝对保证，能经受所有的压力，不过我认为我经受得住。在大学里，我承受着许多的压力去学习，目的是取得优异成绩。我经常熬夜，到现在为止，总算是达到了自己的目标。我的所有经验都表明，我能做到。虽然有时我也对自己说:“让学习见鬼去吧！你为什么总要这么努力呢？”但我还是坚持着。我并不知道这个问题的答案。也许我是个受虐狂呢(迷惑法、否定决断法、自我表露法和否定决断法)。

医生：有时我也觉得自己是这样的人呢，你应该也申请了别的学校吧。

米尔特：是的，我觉得这样最好。虽然我很想上南方某某医科大学，但大家都跟我说，万一没录上怎么办，所以还应该向别的学校提出申请。您是学生的时候，也这样做的吗(自我表露法)?

医生：是的，那是个好主意(沉默)。

米尔特：您还想问别的什么吗？想问我的弱项还是强项呢（否定询问法）？

医生：跟我说说吧。您认为自己最不好的弱项是什么？

米尔特：这只是我自己的看法，别人也许有不同的观点。我觉得，最弱的一项就是缺乏经验。我年纪还小，容易轻信他人。我还不够自信。面试时容易不知所措。一开始跟您聊的时候，由于紧张，我觉得脑子一片空白。不过我认为，这样的经历会帮助我克服这些情绪，至少我希望这样（自我表露法、迷惑法和否定决断法）。

医生：（打断米尔特的话）现在你的状态好像很不错啊，看上去可一点儿都不紧张。

米尔特：我相信，看上去是不紧张，不过我内心还是觉得不自在（迷惑法和自我表露法）。

医生：也许真正重要的，是你的外在表现，而不是内心的感受呢。

米尔特：我相信您说得对，那就看看最终结果再说吧（迷惑法）。

医生：您觉得自己最大的长处是什么？

米尔特：前面我说过，这只是我自己的印象，也许不对。我觉得自己最大的长处，就是良好的学习习惯、坚持不懈、好学努力，还有一点儿聪明。而最重要的一条，可能就是我喜欢跟人们打交道、喜欢医学（迷惑法和自我表露法）。

医生：您想问我什么吗？

米尔特：是的，我想问您几个关于南方某某医科大学和医学院的问题。都是我不怎么了解的。我相信，这些问题听上去可能会很幼稚和不懂世故，不过我还是想听听您的意见（自我表露法和否定决断法）。

医生：可以，问吧。

接下来，米尔特询问了下述几个问题。这些问题，都是在我们的鼓励下，他自己归纳的——

1. 我对研究很感兴趣。你们是如何让学生参与研究的呢？

2. 在第一学年，除了必须掌握的综合性知识之外，学院有没有某些科目，要求学生擅长并做到真正精通呢？

3. 您知道有哪些综合性的参考资料，可以让我在这个暑假里学学，为秋季开始的第一学年做好准备呢？

4. 可以找什么样的暑期工作来勤工俭学，支付生活费用呢？有没有这样的工作，让人既可以学知识，同时还能挣薪水呢？

这种强势地接受面试的练习，进行了 2 小时。最后我们看到，米尔特灵活应对问题的能力，有了明显的变化。我们要米尔特把面试的情况告诉我们，可后来却再也没有他的消息了。我从别处得知，他的好几次面试都进行得很顺利，他被几所医学院录取，最终就读的，是一所我们并没有针对性地进行练习的学校。

米尔特的成功，让我想起了二战时海军工程营那句古老的座右铭："若是困难事，马上处理，若是不可能，多花时间。"很显然，米尔特接受面试时不自信的情况，不过是一种"困难"罢了。米尔特改变得如此迅速，让我也感到吃惊。

你也许已经想到，米尔特为面试所准备的练习，其实就是一种角色预演。求职面试这种经历，大多数人都不喜欢，甚至对它感到紧张不安。许多学员，都要求获得求职面试指导，而大多数练习了的学员后来都说，无论有没有得到所求的工作，他们在那种紧张情形下都感到自在一些，应对也更实际一些了。

在跟非自我肯定型人群打交道，以及对精神疾病的病人进行治疗的过程中，学员毫无例外地都有一些求职面试时难以应对的问题。

他们通常都会试图掩饰自己的紧张，而不是用这样的话开始接受面试："我求职时常常紧张。这样会不会影响到面试呢？"（否定决断法和否定询问法）大多数人，当别人针对他们的工作经历提出明确的否定性意见时，都不知如何应对。他们经常会把自己对工作能力（即便是并不重要的工作技能）的疑虑心理，传递给面试官，从而给面试官留下印象：他们很脆弱，工作时可得小心对待，将来可能会变成公司的麻烦。

一些非自我肯定型的人，对面试官似乎都有一种虚幻的"共享"态度。在需要做决定的时候，这些不幸的人似乎对自己毫不负责。一位想找份工作的精神病人，提供了一种经典回答，我觉得它最能描述这种"共享"态度了。他在面试时，当面试官问："您会开车吗？"（因为该公司经常得速递文件）他不是简单地说"是"，或"是的，不过我的驾照得续期才行"，而是回答："我过去会开，后来被送到精神病院，住了6个月的院。机动车辆管理局发现我非自愿住院治疗之后，就收走了我的驾驶证。"

你不难猜到，面试官马上就终止了面试。尽管这个"认罪"的例子很极端，但这种行为模式，并非只是患过精神病的人才有。很多学员说，一旦面试官深入查问学员存在自我怀疑心理的某领域时，他们就会不知所措，会夸大自己想象中的缺点，承认自我怀疑的心理，然后还试图辩解。

你也许遇到过这一类问题。比如，面试官委婉地说"您的年纪比我们打算招聘的要稍小一点儿（或稍大一点儿）""好像您的经验较少（或太多），不太适合这一岗位""您好像经常换工作"，这都是一些没有确定答案的、旨在鼓励求职者谈论自身的话语，这时该怎么办呢？

下面这段对话，就是指导迪伊这位年轻文员，怎样应对求职面试时可能碰到的、让她紧张的话语的。

迪伊说，在参加自主培训前的最后一次求职面试中，面试官问她："您能打字吗？"她回答说："我打字的速度在每分钟40个词以下，并且有很多错误。"这明显属于缺乏职业技能。为了解释这个，她又说："我从来不擅长打字。打字课我有两次都没及格，学了第三次，这才及格了。"她应聘的是办公室文员，可打字并不是这一岗位必需的先决条件。在下述对话中，迪伊和我讨论了她面试存在的问题。

我：我猜，面试官问你会不会打字的目的，是想看看在打字员和秘书都忙的情况下，你能不能打出一封临时信函来。

迪伊：我没有想过那个。

我：你能打出一封临时信函吗？

迪伊：当然能。

我：那么你为什么没有说？你可以只回答"能"，而不说那么多废话，表明你打字有多么差劲。

迪伊：现在回过头来看，我真不知道是为什么。我想，可能是我不想被套住，答应那些我无法做到的事吧。

我：你有没有问他，那个岗位需不需要打字技能呢？

迪伊：没有。招聘启事上根本没提打字。

我：岗位描述中没提打字，为什么面试官会谈到打字，对此你难道一点儿不好奇吗？

迪伊：他开始说打字的时候，我的脑子就一片空白了……

我：……于是你就开始大说废话。

迪伊：……于是我就开始大说废话。

我：现在让我们试一试。我来对你进行面试，如果你需要帮助，凯茜会指导你的。

迪伊：好吧。什么工作？

我：你来定。门卫、脑外科医生、中情局特工，或跟上次一样，办公室文员，都不要紧。对所有工作来说，都是一样的。

迪伊：我想重温一下上次出现问题的那一部分。

我：试试他可能问你的其他问题，怎么样？

迪伊：好的，那些也问。

我：（角色扮演）您会打字吗？

迪伊：会。

我：很好，办公室里偶尔会很忙，我们大家都喜欢互帮互助。

迪伊：这种工作方式非常好，不过我没明白，这个岗位需要打字技能吗（迷惑法和自我表露法）？

我：不是的。但我刚才说，我们想招一个灵活机动的人。

迪伊：我问这个，是因为我不想给您留下我打字很熟练的印象，我打字并不熟练。假如您实际上需要的是打字速度超快的文员，那我就不符合要求了。在必要的时候，我还是能敲出一封信函，或记记备忘录的（否定决断法）。

我：不是的，您的工作主要是在办公室，让大小事务都井然有序。

迪伊：听起来真不错。

我：从您的求职申请上，我看出您在办公室工作的经验不是很丰富。

迪伊：从工作时间上看，是这样的。不过在以前的公司，我学到了大量跟办公流程相关的知识。必须努力工作并学得很快，才能保住自己的工作（迷惑法）。

我：我还看到，您经常换工作。

迪伊：是的，我经常换。每当有更好的工作岗位出现，我就会抓住它（迷惑法）。

我：哦，我们可希望员工对公司不离不弃。

迪伊：我相信你们是这样希望的。你们有哪些奖励措施，来保证员工不跳槽呢（迷惑法）？

我：过一会儿，我会跟您说说员工福利计划。您的年纪，比我们希望招聘的大多数员工都稍小一点儿。

迪伊：我相信是这样的，而您很谨慎，我也不会怪您。许多我这么大的姑娘都不太成熟，跟他人相处好像也不太融洽，不过这对我来说不是问题（迷惑法）。

我：我看到，您只有档案管理文员的工作经验。

迪伊：是的，我的经验还不够，还没法去考虑像当主管这样的事（迷惑法）。

我：未来的几年中，您希望做什么？

迪伊：希望一直能为你们工作，不过这得看加薪、升职这些方面的情况呢。我对贵公司了解不多，还没法给出更具体的回答（否定决断法）。

我：您有什么问题要问我吗？

迪伊：有，我想了解一下薪水、工作环境和福利方面的情况。

我：（由衷地想要肯定迪伊的新做法）很出色。您被录用了！

迪伊：（咧嘴而笑，接着若有所思，严肃起来）可要是我不会打字，而他希望我会打字的话，该怎么办呢？

我：你的意思是说，贴出招聘广告后，他又改变了主意？

迪伊：对。会怎样呢？

我：咱们何不表演一下，看看结果会怎么样呢？

迪伊：好吧。

我：您会打字吗？

迪伊：不会。

我：唔。我们希望招个懂点儿打字、能够帮办公室里其他姑娘一把的人。

迪伊：（未经指导）那是不是说，您不会录用我了？

我：是的。恐怕您并不符合要求。

迪伊：现在我又该说什么呢？我失去了这份工作，我会起身离开。

凯茜：（打断了迪伊的话）迪伊，在这种关键时刻，要注意的可不只是“得没得到工作”。当面试官说你不符合要求，你有什么感受呢？

迪伊：这让我愤怒。他的招聘广告不真实，还让我来面试，浪费了我的时间。

凯茜：那你为何不跟他提这个呢？

迪伊：为何不？好的！

我：（重复）是的。恐怕您并不符合要求。

迪伊：那我可真受不了。您在招聘广告上说的是这个，等我来了又跟我说是那个，浪费了我一上午。假如您需要招聘一个会打字的人，那就得花钱呀（停止角色扮演）。我现在又该怎么做呢？

凯茜：什么也不用做。只需坐在那里，看着他的眼睛。

我：唔，您本来就该知道，常规办公技能是包含一定的打字能力的。

迪伊：（意识到了面试官的操控企图）我明白您为什么这样说，不过您的做事方式让我非常生气。

我：唔，我们给您带来不便，我非常抱歉。

迪伊：我相信您感到抱歉，可您的做事方式还是让我非常生气。

我：那我能怎么办呢？给您带来了不便，我道歉。

迪伊：以后您在广告里的工作描述可以更明确一点，这样您就不会再浪费我的时间了。

我：（中断角色扮演）我能再说什么呢，迪伊？你把我挤到墙角里，让我无计可施了。

凯茜：你对自己刚才的表现感觉如何呢？

迪伊：我的感觉实在不错。可这说不通啊。我丢掉了工作，却还感觉良好。

我：也许是因为，你说出了自己对面试官所耍手段的感受？好好想想吧！

在指导那些非自我肯定型的人恰当地应对面试时，我会强调三个方面：

1. 我训练他们倾听面试官问（说）了什么，而不去想面试官用问题（话语）暗示了什么；

2. 我训练他们对于面试官可能会指出的、他们本身可能存在的缺点，一律不要否认；

3. 我训练他们对面试官说，不管自己有什么缺点，他们觉得自己仍然能在公司岗位上干出成绩。

毫不谦虚地说，我是用自己求职的经历做范本，让他们模仿的。我会告诉学员说："我在应聘现在这个职位的时候，他们问我的问题就是：'您能上危机干预课吗？'而我立即回答'能'。我当场就被录用了。过后，虽然我花了6个星期恶补专业知识，但这都无所谓了。他们问我的，只是我能不能教危机干预的课程，而事实就是，我能。

我只听面试官问了什么，而不去想他问这个问题的意思。但假如面试官这样问：‘在危机干预方面，您有多少经验呢？’我就会回答：‘很少，只在常规临床培训中有过一点儿，不过我对这个很有兴趣，希望能在这里学到一些实践经验。’假如面试官接着说：‘我们想招一个能给其他员工教危机干预课程的人，’那么我就回答：‘没问题。现在我已经教了十年的心理学，要是我不适合教危机干预，那我就安排专家来辅导，或安排员工去参加培训班。’

我向面试官传达了很清晰的信息：我很自信，能够解决问题，完成他要求的工作任务，而我回答问题的方式无关紧要。无论职位名称是什么，是文员、经理、会计、销售员、维修员、车工、卡车司机、门卫还是心理学家，面试官在求职者身上所寻找的，实际上都是后者有没有为单位解决问题、完成任务的能力。”

一名优秀的求职者，可以强势地在多个岗位之间择优选择，同时不向可能的雇主做出任何承诺。恐怕许多人都希望这样吧？请看下面的例子。

对话 20．卡尔应对喜欢摆布别人的制片人
——避免被操控而做出承诺

卡尔是一位很有天赋的年轻演员，已经演过 3 个电影角色，赢得业内外的好评。他跟经纪人打算为演艺事业做一个规划，认真审查和选择将来要出演的角色，以便名利双收。

卡尔知道自己很有天赋，具有成为大明星的潜质。可惜卡尔还觉得，他必须事事都顺着制片人，才能保住他们的好感，不然可能就没人理睬他

了。卡尔以为，他必须在制片人面前表现得“懂规矩”，因为仅凭天赋并不足以成功。但是这么想并不对。

有3位大牌演员，他们想什么时候工作就什么时候工作，而且对角色挑来拣去，他们是乔治·C.斯考特、马龙·白兰度和彼得·法尔克。这3个人在公开场合下，似乎从不在乎别人的看法，人们还普遍认为，他们在进行交易、谈判的时候非常强势。尽管这3位先生的表演才能并不相同，但他们的强势却是一样的。对于卡尔而言，这3个人都是怪人、疯子，因为他们不爱被别人摆布，总是强势地提出要求，而且还能轻而易举地实现。卡尔认为，他们的成功应当归功于性格中的独特之处，可他自己呢，却跟雇主保持着一种幼稚的关系。

进行此次对话的时候，我正在辅导一个戏剧研究小组，其中包括卡尔这个前百老汇歌剧明星，以及其他年轻的男女演员，他们都拍过电视广告，所以我都觉得面熟，只是叫不出名字。那时，我正在辅导他们，怎样系统地坚持自主，怎样面对必须应对的人：导演、表演委员会、导演助理、制片人，以及外围的赞助人、专家、评论家和跑龙套的。

卡尔提出了一个问题，说是不久即将拍摄的一部影片的制片人给他施加压力，并且操控他。卡尔的经纪人正在协商两个有可能签约的角色，其中之一就要跟这位制片人协商。经纪人建议卡尔说，他可以选其中一个，或两个都不选。要是档期合理，也可以两个都选。但那位制片人却要求卡尔马上签合同。与此同时，卡尔的经纪人正在就第二个可能签约的角色跟别人谈判。卡尔不想让那位制片人知道，自己正在考虑另一个角色，他担心制片人会怀恨在心，或者利用这个消息，把另外那个合同给搅黄了。

总之，卡尔的问题就是，他不想马上签约，想协商一个时间，让自己能来得及考虑到底签哪个。可他不知道，怎样才能将这种想法表达出来。

来咨询我之前，卡尔刚跟制片人碰过面，他借故没有当场做出决定，但答应尽快去见那位制片人。

下述指导性的对话，就是戏剧研究小组内部设计、让卡尔进行练习的，能让他既不过早地承诺，态度上又不显得无礼、唐突或谦卑。尽管这种对话场景属于大家不熟悉的电影业，但在雇主面前坚持自己的权利，避免受到操控而做出承诺，是任何行业都会遇到的。

对话场景：卡尔坐在索尔先生的等候室里。制片人索尔轻快地穿过等候室，跟卡尔打了招呼，迅速领他进了里面的办公室。

制片人：卡尔，这是一个为您量身定做的角色。要是这个都不成功，那就没什么别的角色能做到了。我刚从楼上下来，对由您来出演马文一角，大家真的是热情高涨啊。

卡尔：那太好了。我也有同感。我也觉得自己能够演好（迷惑法）。

制片人：妙极了！现在我们就只差签约了，签完后咱们喝一杯，庆祝庆祝。

卡尔：太好了！要是我签了，我会举杯庆祝，不过我还需要点儿时间（自我表露法）。

制片人：您还需要时间干吗呢？这是个很不错的角色，片酬也丰厚，哈尔也是这么认为的。他是您的经纪人，条款都是他谈的。

卡尔：是的，可现在我还不想答应下来（迷惑法和“我是一张坏唱片”法）。

制片人：卡尔，我们真的很想您来演。我在楼上千方百计地努力，让其他员工都对您充满热情，现在我们都需要您。我为您做出了这么多的努力，您可别让我下不来台啊。

卡尔：我希望没让您失望，索尔，不过眼下我还是不想马上答应（自我表露法和“我是一张坏唱片”法）。

制片人：两周后就要去外景地了。咱们得立即定下来。可别错过了，卡尔。

卡尔：您可能说得对，索尔，那么您能给我多长时间做决定呢（迷惑法和可行折中法）？

制片人：我需要您明天就签字。

卡尔：我相信您需要，索尔，不过那点儿时间对我来说不够啊。你们出发去外景地之前我告诉您，怎么样？两周，应当够我做出决定了（迷惑法和可行折中法）。

制片人：卡尔！咱们可不能那样干。要是您说不行，我们岂不是得中断拍摄，回来找替补？这样会把整个计划打乱的！

卡尔：我不明白。你们难道没有备选吗（自我表露法）？

制片人：还没有。我们没找到跟您差不多、可以出演这个角色的人。要是您不签约，卡尔，您会错过一个极好角色的。

卡尔：您也许说得对，索尔，不过我还是需要点儿时间。咱们来看看日历，你们28日动身，对不？我23日把决定告诉您。那样的话，要是我没答应，您还有5天来找别人。这样如何（迷惑法、“我是一张坏唱片”法和可行折中法）？

制片人：那样的话，我的时间可够紧巴的，卡尔。

卡尔：我相信是够紧的，索尔，可我需要时间，您也需要时间。这样做，给咱们俩都留了余地呀（迷惑法、“我是一张坏唱片”法和可行折中法）。

制片人：您让我没有选择了。我为您做了那么多，您怎么能这样呢？

卡尔：您说得对，索尔，这种做事方式确实让人受不了。我希望跟您说我愿意，不过眼下不行（迷惑法、自我表露法和“我是一张坏唱片”法）。

制片人：您要是提早决定下来，会马上通知我吗？

卡尔：当然会，索尔。我一决定下来，就通知您（可行折中法）。

制片人：这个角色我们可指望着您了。

卡尔：我知道，索尔，我也想演，不过我还需要点儿时间（自我表露法和“我是一张坏唱片”法）。

卡尔能如此迅速地抓住要点，并且在稍加指导（不到3小时，加上喝了几瓶加州葡萄酒的时间）之后，就能熟练运用，这让我很惊讶。也许，这种迅速源于他作为演员所具有的优秀演技。他需要做的，不过就是熟记新的剧本罢了。

最后，卡尔很好地习惯了这一新角色。跟制片人会面之后，他达成了心愿，推迟了时间。经纪人跟第二家制片公司谈完后，他俩都认为，第二个角色更好。结果，卡尔在一个热带岛屿上度过了令人羡慕的6个月。不过，他对第一位制片人也没有食言，还是在预定的时间将决定告诉了他。

尽管卡尔的经历说起来也很刺激，不过你也许会问，假如制片人索尔说：“答应，答应！您究竟是什么意思？”卡尔又怎样回答呢？我在纽约的编辑也这样问。跟“我是一张坏唱片”法那一章中的卡洛一样，卡尔明白，不管索尔问了他什么，卡尔都并不一定要回答。下面这段简短的对话，就可以说明这一点：

索尔：卡尔。到底是什么让您拖延不决呢？答应，答应！您究竟是什么意思？

卡尔：我知道您现在就想要个答案，索尔，不过我 23 日之前是不会做出承诺的。

索尔：您的经纪人也赞同这样，是不是？

卡尔：我理解您的想法，索尔。您想要我现在就签，可我要到 23 日才会有结果。

索尔：您要出演别的角色吗？难道那就是原因？

卡尔：我明白那种可能性会让您担心，索尔，不过我要到 23 日才会有结果。

从这段假设性对话中，我们可以看出，要自如地应对制片人提出的任何问题，卡尔真正需要的，不过就是使用“我是一张坏唱片”法，断然有力、不慌不忙地回应罢了。

在下面这组对话中，我们会看到一个与“娱乐圈”相关的问题领域，即：公开演讲、应邀讲话、做报告时，怎样强势地去应对大众。

对话 21．苏珊演讲时，应对批评 ——将迷惑法用到底

最近，我的好友和同事、社会工作硕士苏珊·列维恩女士，应邀去给美国社会工作者协会的一次地方会议做 2 小时的演讲。苏珊以前从来没有受邀做过演讲，所以跟大多数人一样，她有点紧张不安，不知道自己会讲得怎么样。

苏珊当时正处于这样一种状态（她对于首次讲演的感受，跟我的第一次是一样的）：要讲的东西都知道，可还是对自己的演讲能力没有信心。尽

管她经验丰富、能力过人，但第一次受邀演讲总会让人害怕。也许是因为有着这种非理性的紧张感，她问我，能不能先陪她演练一次。我答应了。

后来，苏珊克服了紧张情绪，做了一次了不起的演讲，而我，则吃了一顿上等牛肋排晚餐。在演练中我注意到，在示范迷惑法的时候她有点紧张。但演练结束后，苏珊完全放松了，无论“听众”怎么评论、提问，她都毫不拘束……即便评论或问题带有敌意，她也不感到紧张！她的心态更放松，源于我们在示范迷惑法时的做法。当着“听众”的面，她要我对她进行批评，要是我实在找不出什么具体的责难，还可以编造。正如下面对话展示的那样，我对苏珊进行的批评非常严厉，触及到了非理性紧张感的核心，而她则能用迷惑法来应对，并最终消除了紧张。

她驳得我哑口无言、无法继续批评之后，眼中闪过一丝坏坏的光芒，问“听众”想不想接替败下阵来的我，继续批评她，可没人敢应战。

要是你也存在和苏珊一样的问题，那你可以让听众在你做完演讲后——甚至在演讲前（用否定决断法！）——对你进行批评，来帮助你改善演讲方式。然后，你可以用迷惑法应对这些批评（要是他们过快地败下阵去，你或许还会用到否定询问法）。

这个方法，已经被学员们运用到了演说排练、模拟演讲练习以及真实演讲当中，来减少他们公开演讲的紧张心理。让我们来看看下面这段我与苏珊的对话。

对话场景：苏珊要我对她的演讲进行批评，批评的分寸感要拿捏合适，让“听众”感觉出迷惑法的运用。

我：（很傲慢地）苏珊，很高兴您让我给您一些反馈意见。我相信这有助您提高将来的演讲能力。

苏：我相信会的（迷惑法）。

我：在我看来，您在某些词上的发音有问题。您经常说得含糊不清。

苏：也许您说得对（迷惑法）。

我：您不该用那些您实在发不准音的词语。这让听众听起来很难受。

苏：是的（迷惑法）。

我：这让您看上去，好像在竭力压迫或威吓听众，实在有点华而不实。

苏：确实。那样看上去的确华而不实（迷惑法）。

我：要是人们连字音都发不准，这往往意味着事实上他们也不明白这些词语的意思。

苏：是那样的，我可能确实用了一些我没有充分理解的词语（迷惑法）。

我：还有您的口音。听起来您的英语就像在南部费城的大街上学来的。

苏：实际上是艾金公园市，不过我相信自己确实有口音（迷惑法）。

我：这又引发了另一个问题。就是您演讲的方式，听上去好像您对自己所说的东西总体上缺乏自信。

苏：我相信，我的确说得不如原本那样自信（迷惑法）。

我：您给人的印象是，您实际上并不知道、也不理解演讲内容的真实含义和微妙之处。

苏：也许您说得对。我并不理解所有的微妙之处，这是很有可能的（迷惑法）。

我：要是您真的关心听众，关心前来听您演讲的这些人，您的准备工作就应该做得更好一点儿。

苏：是那样的，我相信自己可以准备得更好一点儿的（迷惑法）。

我：要知道，这些可都是通情达理的人。您出现疏忽、犯点错误，他们是不会计较的。

苏：我相信他们是不会计较的（迷惑法）。

我：可您演讲的马虎之处也太多了，简直令人恼火。您东拉西扯，毫无条理。您让他们对一个很有意思的学科失去了兴趣。

苏：我相信，我的确是东拉西扯，我可以更有条理一些，听众也有可能恼火并觉得厌烦（迷惑法）。

我：要是您真正在乎您正在做的这件事，您完全应该谢绝演讲，让那些高超的演说家来干这事儿。

苏：是那样的，要是我那么在意，我可能就谢绝了（迷惑法）。

我：假如您是个优秀的演说家，那您本来可以虚张声势，靠您性格上的强势掩饰过去的。

苏：假如我是个优秀的演说家，我相信本来是可以那样的（迷惑法）。

我：相反，您的表现说明，您显然害怕这些听众。

苏：是的，我有点儿紧张（迷惑法）。

我：苏珊，我作为朋友才说这些的，所以我要您用心记住。

苏：我相信您是作为朋友才说这些的（迷惑法）。

我：在公开演讲的时候，您可以站在讲桌上并且手舞足蹈，不过说实话，您并不是温斯顿·丘吉尔！

苏：是的。我并不是温斯顿·丘吉尔。我是苏珊·列维恩（迷惑法）。

这时候，迷惑法的示范在笑声中结束了，苏珊顺利进行完余下的演讲，回答了“听众”随后提出的问题。她的外表显得活泼兴奋，并且似乎已经陶醉其中。

下面这段对话，跟苏珊的公开演说形成了对照，练习它的目的，是学会在主持讨论或做报告的时候，管理好一群听众，同时应对听众的评论。

对话 22．罗恩做报告时，应对打岔和提问——综合运用强势技巧

罗恩是一名年轻的研究生，学的是工商管理专业。他很怕站出来组织起一场讨论或报告。罗恩担心听众懂得比他多，会揪住差错让他下不来台。其实，很多人都惧怕在公众面前表演，只知道躲在自己的岗位上，不敢进一步拓展事业，甚至不敢参加志愿服务、俱乐部、慈善组织或娱乐活动。

罗恩要在他所修的经济学课程的班上做一个口头报告，还没到做报告的时候，他便自愿提出，在他所属的自主治疗小组中进行一次排练。为了减少罗恩的畏惧心理，我们指导该小组的学员，用覆盖面很广的批评和提问打断罗恩的演讲，可以冷嘲热讽，可以与演讲主题无关，也可以是中肯、深刻的批评。

下面这段对话，是由一段20多分钟的报告压缩而成，其中包括了听众批评以及罗恩的回应，正是这些回应，使他能强势地带领他人进行讨论，让他对自己在实际的课堂演说中自如地应对批评的能力有了更大的信心。

对话场景：罗恩正在演说，小组成员打断了他，对他提出问题、进行

批评。

罗恩：经济增长的另一个重要因素，就是公众对经济发展的信心。可以看到……（被打断）

第一位成员：欧洲市场中的外资投机行为，所带来的影响又如何呢？

罗恩：虽然我相信，美国本土以外的因素确实会影响到我们的经济，但在这个报告中，我只会讨论国内因素（迷惑法）。

第一位成员：那样的话，讨论不就漏掉了一些相当重要的东西吗？这说明您的报告很不完整，有很大的漏洞。

罗恩：我相信其中是有漏洞，不过我这次讨论仅限国内因素（迷惑法和“我是一张坏唱片”法）。现在回到公众信心这个主要因素……（被打断）

第二位成员：假如有影响的话，那么证券交易委员会的政策对经济又有什么样的影响呢？

罗恩：这是一个很有意思的观点。不过，我想稍后再讨论，结合其他调控因素一起讨论。到时，请把您的问题再提一遍（自我表露法）。还有别的问题吗？我要接着讲了。

第三位成员：有。您到现在还没有谈到任何跟联邦优惠税收体系相关的内容，这可是一种潜在的经济增长动力呀。

罗恩：是的，我还没有提到，不过我认为，那是一个需要花上数小时才能讨论清楚的主题。由于时间有限，我觉得无法把这样一个值得讨论的主题讲到位（迷惑法、自我表露法和否定决断法）。现在回到公众信心上来……（被打断）

第四位成员：凯恩斯主义[a]在过去30年间的影响又怎样呢？

罗恩：对于这个主题，我还不是很清楚。也许其他演讲者会乐于讨论。要不，讨论完后如果时间还充足，您不妨跟大家分享一下，您对这一主题所掌握的知识（否定决断法和可行折中法）。还有别的问题吗？那我接着说……（被打断）

第五位成员：您在开场白里说，您的报告内容涵盖自1936年的富兰克林·D.罗斯福政府到现在这一段时间。他上台是1934年，那正是大萧条的高峰期。为什么您要从1936年开始呢？

罗恩：我说过1936年吗？当然，那应该是口误。报告内容涵盖的是1934年到现在（否定决断法）。回到讨论主题来，公众信心……（被打断）

第六位成员：您还打算讨论公众信心哪？

罗恩：照这种速度，我永远都讲不了什么，对吗？要是你们在报告结束后再提问题，我会很感激的。现在，回到公众信心这一点上来（否定决断法、自我表露法和可行折中法）。

面对着一群虎视眈眈的听众，罗恩一开始非常紧张。对自己演讲的内容和回应听众的批评这两方面，他感到忧心忡忡。但到了快结束的时候，小组成员们开始觉得，要质疑、批评罗恩越来越难了，尤其是，每当有人打断他，他都会微笑，这时就更难质疑和批评他了。结束演讲之后，这群故意刁难的人都报以了热烈的掌声。

---

a 凯恩斯主义：Keynesian doctrine。凯恩斯（John Maynard Keynes，1883~1946，一译凯因斯），英国经济学家，凯恩斯主义的创始人。他长期在剑桥大学任教和主编《经济学杂志》，兼任英国财政顾问和英格兰银行理事等职。他从货币数量的变化这一角度来解释经济现象的变动，主张实行管理通货以稳定资本主义经济。1929年至1933年的世界经济危机后，他提出失业和经济危机的原因是有效需求不足的理论，主张国家全面调节经济生活，以挽救资本主义经济。主要著作有《货币改革论》《货币论》《就业、利息和货币通论》。

此后，罗恩在班上做的报告就简单至极了。他相当自如、直率坦白地阐述了论文，甚至很享受就这一主题跟同学进行的交流。罗恩对于自己果敢应对同学提出的两类操控性问题，感觉特别爽。这些问题，都属于经典的“法国南部式”和“引诱式”问题。

当一位听众问：“可您刚才所说的，如何适用于法国南部呢”，他其实是在诱导演讲者，让演讲者去评论自己不了解的专业知识。初学者往往认为，对于提出的任何问题，他们都必须回答。假如不够强势，不是简单地回答“我不知道”，那么，这种“法国南部式”的问题常常就会不必要地引发你的内疚感。

“引诱式”的批评或问题，则是由一位知道（或自以为知道）答案的听众抛向演讲者的。这样做通常是有意挫挫演讲者的傲气，或显摆学识。提出“引诱式”问题时，提问者通常都会一个人滔滔不绝说上一大阵，以表明他有资格提问。大多数时候，你甚至弄不明白他到底在问什么。作为演说者，要是你不愿这样说：“我没理解您提出的问题。请重复一遍好吗？”或是你确实明白了他的意思，但没有像罗恩一样说：“对于这个主题，我还不是很清楚。稍后假如还有时间，也许您愿意跟大家分享一下……”那你就麻烦了。假如接下来，那位提问的人慌了神，不假思索地说出了答案，你就可以简单地回答说：“谢谢您。这似乎很好地回答了您提出的问题。”然后继续演讲。

让我们再回过头来，看一看权威式关系中另一个方面。下面这组对话，是有关强势的父母和老师如何应对小孩子和青少年的：这可是一个让许多人都很头疼的行为领域。

对话 23. 应对儿童的不满 ——倾听、理解，而非让步

在本节中，伯特和萨拉夫妇应对了子女的不满，而小学教师芭芭拉则强势地引导着学生，让学生遵守她制订的课堂规范。

伯特是本地一所大学的戏剧教授，跟萨拉已经结婚 14 年，生了 3 个孩子，都是女孩，分别是 5 岁、9 岁、15 岁。我认识伯特和萨拉好多年，常常聚在一起玩一夜，有时只是喝点酒，说说话。我们会快乐地聊聊写作，也会聊一聊好莱坞和学术界的逸闻趣事，还有临床心理学。伯特和萨拉都对我所教的系统性强势疗法产生了兴趣。

有天晚上，孩子们找了一个个借口，在起居室里穿来穿去。伯特给了她们最后一个严厉的脸色，让她们待在自己的房间，不准到起居室里来，然后就转头来对我说："这些小家伙。她们都很不错，不过有时真让我抓狂。每个人都是'人来疯'。您的自主技能对她们也能起作用吗？"

我问伯特，你想要她们不做什么，伯特回答："就像现在这样，整个晚上，她们都不停地进来，看她们错过什么没有。总是抱怨这个那个，找各种借口不睡觉。我把一个打发去睡觉，可另一个又跑出来。我们一家人待着的时候，她们都乖得很，可一旦来客人，她们就像是 3 个登岸休假的水手，独来独往，不听话。她们知道，我在客人面前是不会吼叫的。可她们要是不睡，我们就毫无秘密可言。她们限制了我讲故事的风格，剥夺了我跟萨拉亲热的机会。您是专家。您会怎么应对呢？"

伯特如此坦率，让我大笑了起来，告诉他可以试试具有同感作用的迷惑法——倾听她们的不满，对她们说："我明白你的感受，必须一个人待着（无聊透顶、完全睡不着、听我们发出的噪音等），确实不好受（不公平、不舒服等），不过我还是要你回去睡，今晚不许再出来吵大人。"这个建议

引发了一场讨论，于是整个晚上，我们都在讨论孩子与父母间的权威式关系，以及所需的各种奇怪招数。

过了好几个月，我们又相聚了，伯特接着上次的话题，继续跟我讨论。他指出，对小女儿用同感的办法，解决了一个问题：有一次，她哭着向他走去，因为她的膝盖擦伤了。他没有抱她，没有因为这点小伤而大惊小怪，也没有这样说："也不是多厉害的擦伤啦，玛茜，你现在是大姑娘了，不能动不动就哭鼻子。"而只是简单地说了句："你哭得这么厉害，一定真的很疼呀。"

奇怪的是，听到伯特运用迷惑法的回答，玛茜马上就不哭了，带着诧异的表情，抬头看着他，而他轻轻拍了拍她的头，她就跑回去跟其他孩子玩了。运用迷惑法，伯特传达的信息是：父亲明白她疼，承认她有受伤的权利，但对伤口无能为力，或不想为她的伤而去想什么办法。玛茜接收到了信息，并照此行动了。伯特用自己的行动和话语，给玛茜上了重要的一课："在生活中有时你会受伤。我也受过伤，所以我能理解你，不过我无法让伤痛消失。要是想玩，你就得学会忍受疼痛。"

萨拉对更加强势地应对孩子这事儿挺感兴趣，她跟我讲述了大女儿凯蒂的故事。有一次，萨拉本打算下午 3 点整在威斯特伍德村的精品店跟凯蒂碰面，一起去买东西。3 点 15 分，萨拉急匆匆地把车停在商店门口，下车后她却看到凯蒂脸上那种青少年生气时惯用的冷淡而僵硬的神情：因为等太久，凯蒂不高兴了。下面就是强势的萨拉和嘟囔不休、急躁的凯蒂之间的对话。

萨拉：嗨，我迟到了（否定决断法）。

凯蒂：您当然迟到了！我在这儿都等了半个多小时了！

萨拉：等人确实不好受。你跟我发脾气，我不怪你（迷惑法）。

凯蒂：您干什么去了，那么久才到这儿？

萨拉：没干什么。这是我的错。我没有看钟，动身晚了。这样做，我真是笨死了（否定决断法）。

凯蒂：好啦，您说那个点儿会到这儿，我就盼着您到。可您总是迟到！

萨拉：是吗？我真是笨，你在等着我，可我太不细心了（迷惑法和否定决断法）。

凯蒂：（沉默不语）

萨拉：你想从哪家商店开始？是U.N.商店呢，还是康特波？

萨拉很高兴，因为她找到了一种应对老问题的新方法。对她来说，真是一箭双雕。首先，她在女儿面前显得更加强势，使萨拉的自我感觉也更好了。她的自主应对方法让她认识到，事情的确是她搞砸的，可结果又能怎样？就算迟到，天也塌不下来。其次，强势地应对凯蒂的怨言，给凯蒂传达了下述无法逃避的信息："你说得对，我迟到了，把你的事情搞砸了，我也能理解你的感受，不过我不会让步和装可怜。"以前出现这种事，凯蒂至少要花10分钟，断断续续地发牢骚、抱怨，而萨拉得编出一个又一个的理由，一次次地否认，可现在不到30秒，问题就解决了。

小学教师芭芭拉在她第一年的教学中发现，儿童在家庭以外的环境中，也同样喜欢操控人，同样难于应对。芭芭拉向我提出了"怎样应对不听老师指令的儿童"这个问题："要是有孩子不参加班级活动，您会怎么办？在体育时间，您怎样让他去跟别的孩子一起玩呢？"芭芭拉向我保证，她提到的那个男孩是健康、正常的6岁儿童，只是那个男孩消极地抵制她，不愿按她的要求去做。我就问她，有没有试过大家熟知的那些操控性策略，比如：

外部规则——“你必须去玩，这是规定。”

威吓——“要是你不去，我就告诉你妈妈（或校长）。”

假如他不去，就让他产生负疚——“大家都喜欢跟别的孩子一起玩。”

让他觉得自己很无知——“要想将来有出息，你就该学会跟别的孩子一起玩。”

让他产生焦虑——“要是你不跟其他男孩玩儿，他们可能就会不喜欢你了”。

芭芭拉说，这些她差不多都试过，可还是没用。我接着问她，在这种“主管—权威”式关系中，她为什么没有坚持跟那男孩说：“我是老师，你是学生。在这里我说了算。要是我跟你说，我要你去跟其他男生一起玩儿，你就得去。你不必喜欢这种事，但你必须去做。”听到这样的建议，芭芭拉怀疑地瞥了我一眼，言下之意是：“瞧，笨蛋。你也许懂得不少，可你肯定不懂怎么教孩子。”

不过，芭芭拉口头上还是答应，去试一试这种直截了当的自主交流方法。后来，就有了下面这段对话。事实证明，芭芭拉运用自主应对技能，成功地征服了那个小男孩和其他学生。

芭芭拉：汤米。你还是不想跟别的孩子一起玩？

汤米：（绕着一个小圈打转，用脚踢着地面，一言不发地摇摇头）

芭芭拉：我明白你的意思，不过在这里我负责照管你，我想要你去跟其他孩子打球（迷惑法）。

汤米：我不想去。

芭芭拉：我相信你不想去，汤米，不过在这里我说了算，我要你去跟其他同学一起打球（迷惑法和“我是一张坏唱片”法）。

汤米:（第一个借口）我的脚疼（开始一瘸一拐）。

芭芭拉:我相信你的脚确实疼，但我想要你去跟其他男生一起打球（迷惑法和“我是一张坏唱片”法）。

汤米：要是我跟他们打球，脚会更疼的（瘸得更厉害）。

芭芭拉：也许会更疼，不过我还是要你去跟他们打球。要是打完球脚还疼，我会亲自带你到护士那里去的（迷惑法、“我是一张坏唱片”法和可行折中法）。

汤米:（第二个借口）我不喜欢他们（不再一瘸一拐了）。

芭芭拉：你喜不喜欢他们都不要紧。我只是想要你去跟他们一起打球（迷惑法和“我是一张坏唱片”法）。

汤米:（第三个借口）我不喜欢打球。

芭芭拉：没关系，你并不是非得喜欢打球。我要你做的，就是跟他们一起去打（迷惑法和“我是一张坏唱片”法）。

汤米：我不会打球。

芭芭拉：那也没关系。你并不一定要会打。我自己打球就很差劲。在学习中你会犯很多的错，这肯定会让你不舒服，就像我一样。不过我要你出去打球（迷惑法、自我表露法和“我是一张坏唱片”法）。

汤米：我还是不想去。

芭芭拉：我相信你不想去，但是我要你去。你愿意选哪个，是每次游戏时间都留在这里，像这样跟我说话呢，还是出去跟其他同学一起玩（迷惑法、“我是一张坏唱片”法和可行折中法）？

汤米:（来到操场上，面向其他孩子）我还是不想去。

芭芭拉：很棒！你爱怎么想就怎么想。只要打球就行。

汤米逃避跟其他男生打球，是因为他觉得自己球打得不好。我问芭芭拉，他是不是很笨拙或身体协调性不好，芭芭拉微笑着回答："第一个星期，他的确有点笨手笨脚，不过，如果看到他某个动作做得好，我就会用最好的行为矫正方式表扬他。现在他完全跟其他男生一样了。他既有接得住球的时候，也有接不住球的时候。"

除了对待汤米，芭芭拉也能更加强势地应对其他学生了。有那么几周，她和学生之间反复进行着自主性交锋，芭芭拉发现，当吩咐孩子们做事时，孩子们带来的麻烦越来越少了。她说："以前，对我要求做的事，他们虽然不说什么，可半数人都不会做。但现在，我要是吩咐他们做什么，他们尽管会发牢骚，但都会围上来。他们也许并不喜欢我，但他们都会去做，并且做得很迅速。"

强势地对待学生，哪怕是对待年纪较大的、机灵的学生，都能让课堂矛盾迅速解决。泽克就是一位高中教师，他运用强势法则的语言技巧，应对高中生的操控，尤其是在考试和评分阶段。

泽克说，要是学生埋怨他，试图让他更改分数，他并不需要跟他们啰唆，而是用"俏皮话"来回应批评和指责。这些批评和指责，针对的是他的教学和考试方式，并且带有操控性。

他这么回答学生："你说得对。有些是非题确实模棱两可，不过我可没打算再考一次。""是的，我本可以在测验前，把那一点说得更清楚，不过你还是得个 C 吧。""我能理解你的感受，你正好在 B 和 A 的分界点上。这真让人受不了，不过你还是得个 B 吧。""你病了，不得不补考，这确实不公平，不过那正是我打算让你参加的考试。"甚至他会幽默地对全班学生说："我相信你们都觉得，大家本来可以有一个更好的、不唠叨的老师，不过你们摆脱不了我了！"

在下面这段对话中，你会看到一位父亲，是怎样学会把跟10多岁的女儿间的父女关系，逐渐转变为两个成人间的互动关系的。

对话24. 斯科迪鼓励女儿遵守规则——持久地表露不安

斯科迪是一名38岁的律师，跟他的第二任妻子琳已经结婚15年。斯科迪有两个孩子：女儿邦妮14岁，儿子戴夫12岁，都是现任妻子所生。第一次结婚他没有要小孩，一年后就离婚了。娶了琳之后，夫妻二人对婚姻生活都很满意，直到邦妮进入青春期才有了烦恼。

在邦妮从女孩过渡到年轻女性的过程中，由于担心邦妮的身心健康，琳很强势地给斯科迪施加压力。她不断地坚持说，要是邦妮违反了家里制订的约会规定，斯科迪就应当强硬处置，可她自己呢，却采取了言语上的"逃避"策略，保持沉默，很少跟女儿交流。

邦妮不喜欢按时回家。针对这一点我建议，斯科迪应当坚持对邦妮运用自我表露法，把他对邦妮行为的感受表露出来。斯科迪将个人感受传达给邦妮，实际上会迫使邦妮以一种成人对成人的态度来应对他。他会教导邦妮，想要在家庭内享受到自由，就必须承担起成人的某些义务，必须对自己的行为负责。她必须承担的最重要的一项义务就是：通过折中办法，在家庭内部控制和限制自己的行为。

她应当学会跟大人一起承担义务，以便大家可以在影响到彼此的行为问题上达成一致。邦妮会认识到，生气、疏远、避开大人，并不会让她实现自主独立。相反，她必须学会跟父母一起做出安排，使她可以得到所允许的、最大的行动自由，同时，她也得学会应对这种新的、属于成人的自由可能导致的所有问题。

邦妮跟许多青少年一样，不肯承认有很多可能让自己深受其害的问题，不愿对自己的行为加以自律，这些问题有：

· 因遭到强暴、受人引诱或自己主动与他人发生性关系，而导致意外怀孕；

· 因同龄人压力，或“试一试”的心理，而导致吸毒成瘾，或起码经历“吸毒幻游”；

· 由于约会对象的非法行为而意外被捕，留下违法记录；

· 因为年纪太小或约会经验不足，导致受伤害，甚至因为驾驶不当而丧命；

· 过早陷入感情漩涡，自己又无法应对，因而受伤害；

……

这种慈父式的教导方式，斯科迪以前也尝试过，但好像对邦妮没什么效果，原因可能是因为那时邦妮还小，还抱有不切实际的乐观心态。从另一方面来说，父母年龄较大，经历的问题多，所以他们对女儿的顺利成长抱有的，是一种悲观、但同样不切实际的心态。由于乐观和悲观心态的对立，所以，斯科迪每摆出一条“理由”告诫邦妮，邦妮都可以找出一条同样正当、说明她应当不受约束的“理由”来。

想要影响邦妮，让她控制自己的行为，最有力的沟通方式就是：一旦邦妮的行为让斯科迪担忧，斯科迪就应该反复表露不安，去“烦扰”她，同时指出事实：要是她将来再让他担心，他还会继续这样。斯科迪得让邦妮明白，她得说话算话，这才是她从儿童变为成年女性的过程中不让父亲感到担心的唯一办法（不论担心合理还是不合理）。表露出担忧，目的并不是让邦妮内疚，而是让她能从成人的角度来应对父亲。

通过强势、持久地表露出担心之情，以及达成折中办法的方式，斯科迪必定能为女儿和自己，实现三个重要的目的——

1. 斯科迪要跟女儿沟通，指出她存在的问题。如果回家晚了，她就得面对斯科迪的担忧。不论邦妮怎样抗议，说父亲不公平、不讲道理、不通情理、不合逻辑，都不要紧。邦妮必须明白：归根结底，父亲在为她担心。要想不这样面对父亲，她就必须妥善处理好父亲的担忧——这是“必须”，而不是“应该”。她不用觉得自己愧对父亲的担心，也不用因为渴望自由而内疚。事实不过是：她回家晚了，父亲担心，她得妥善处理好担心，如果不，父亲就会一直担心下去。

2. 斯科迪表露出真实情感，表明自己对邦妮的担心，会迫使他们的关系发生改变：从权威式的父女关系，转变成另一种关系，这也跟邦妮成长为成年女性的过程相协调。它不再是有着先验性结构的关系，而是一种成人对成人的、亲密和平等的关系。

3. 用这种成人的、而非慈父的方式应对邦妮，斯科迪也会迫使自己去审视他那不切实际的担心。在后面的几年中，通过一次次重复性的自主应对，逐渐给予女儿更多的成人地位和自由，也可以让斯科迪做好心理准备：邦妮最终会离开家人。

为了让斯科迪做好准备，他所在的自主治疗小组设计了一次对话预演，让他跟一位年轻的女组员对话。预演后，我建议他去跟妻子谈谈，让她也一起来解决问题，我还建议，斯科迪应当鼓励妻子，让她更加强势地应对邦妮。

对话场景：在预演场景里，邦妮晚了 1 小时回家，此时斯科迪正在起居室里等她。

邦妮:(打开前门)哦……嗨，爸爸。

斯科迪：过来跟我坐坐，邦妮。我想跟你谈一谈。

邦妮:(假装天真和不懂)谈什么呀?

斯科迪：今天晚上玩得尽兴吧?

邦妮：哦，是的。我们玩得很开心。

斯科迪：很好。你们都玩了些什么呢?

邦妮：我们去看了好莱坞的恐怖电影，后来又去了莎莉家里跳舞。

斯科迪：我想，这就是你为什么会晚回家的原因吧?

邦妮：哦，爸爸。您已经这样教训过100次啦。

斯科迪：我想再谈一谈这个。

邦妮：真的有这个必要吗?我是说，有必要现在就谈吗?咱们为什么不能以后再谈呢?这会让我整晚都不舒服的。我刚玩得那么开心。

斯科迪：我明白。我并不想扫你的兴，不过我确实想跟你谈一谈这个(自我表露法和“我是一张坏唱片”法)。

邦妮：每次一说到我，您都会发火。

斯科迪：是的，不过这次我不会发火。我只是想跟你谈一谈这个(迷惑法和“我是一张坏唱片”法)。(不能说:“你觉得我为什么会发火呢?你总是不听话，总是不按时回家!”)

邦妮:(迷惑但仍保持警惕)可要是早回来，大家就都不尽兴了。别人可不是非得10点半就到家呀。

斯科迪：我知道那样不尽兴，不过，要是你在外面待得太晚，我就会担心你(迷惑法和情感自我表露法)。

邦妮:(生气而嘲讽地)难道我就只能那样……看场电影，然后回家？

斯科迪：我明白你的感受，不过要是你没有按时回家，我就会很担心你（“我是一张坏唱片”法）。

邦妮：（恼怒地）可是没什么好担心的！！！！

斯科迪：我知道这样实在很气人，邦妮，不过我还是担心。我要是因为加班、堵车而耽搁了，你妈妈就会担心我是不是遇上了车祸。我每次晚回家，从来都不是因为车祸，可你妈妈还是担心。我想，那是因为我们是亲人，对彼此来说，我们两个人都很重要。在并不知道发生了什么事的时候，就让情感支配自己，的确有点傻，不过我和你都会那样做。要是你没有按时回家，我就会担心你的（否定决断法和“我是一张坏唱片”法）。

邦妮：可什么事儿也没有呀，没有什么值得您担心呀。

斯科迪：我明白你的感受，邦妮，你说得也对，除了一点，那就是倘若你没有按照说好的时间回家，我就会担心（迷惑法和“我是一张坏唱片”法）。

邦妮：可是，您担心又不是我的错，您应当知道不会出什么事的。

斯科迪：这并不是逻辑推理，邦妮。这只是我的感受。知道你在外面约会、玩得很尽兴，我就感觉很好。可要是在说好的时间没见你回家，我就会担心（迷惑法和“我是一张坏唱片”法）。

邦妮：不。我晚回家，您不应该担心。

斯科迪：邦妮，谈到这会儿了，我还没有跟你说，你不该晚回家。我一直都只是在告诉你，你晚回家我有什么感受……我非常担心（“我是一张坏唱片”法）。明白了吗？

邦妮：明白了，不过您不该担心。

斯科迪：可我就是担心，而你必须妥善处置好这一点，让我不感到担心才行（“我是一张坏唱片”法）。

邦妮：您为什么就不能不担心呢？

斯科迪：要是我确实能做到不担心，那倒真是有福呢，不过事实就是，我确实担心……你必须解决这个问题才行（否定决断法和“我是一张坏唱片”法）。

邦妮：（沉默不语）

斯科迪：你明白我的意思了吗？

邦妮：明白了。

斯科迪：好吧，我不喜欢这样，你也不喜欢这样。不过这是无法改变的事实，你必须去应对。要是你没有遵守说好的时间，回家晚了，我就会担心。要是我感到担心，你就得来听我唠叨。也许，你还会受到更多限制。就是这么简单（“我是一张坏唱片”法）。

邦妮：（起身准备走）

斯科迪：坐下，听我说完，邦妮。我还没说完。你晚回家，我会担心。要是我感到担心，我就会让你烦不胜烦，就像现在这样。这是没有商量余地的（“我是一张坏唱片”法）。

邦妮：（表现出兴趣了）您是什么意思呢？

斯科迪：你晚回家，会让我不高兴。要你早回家，会让你不高兴。我们为什么不能想出个办法，做到两全其美，让咱俩都高兴呢（自我表露法和可行折中法）？

邦妮：您可以不担心呀。

斯科迪：我说的不是那个，邦妮。我也可以说，让你10点半回家，你应该感到高兴呀。可这些都是不切实际的话，就像你让我不要担心一样。我可不会告诉你该怎么感受。所以，你也不要告诉我该怎么感受。我就是担心（“我是一张坏唱片”法）。

邦妮：好吧……还有呢？

斯科迪：你想在外面待晚一点，我想要你按时回家。

邦妮：咱们可以改改时间呀。

斯科迪：是可以这样，不过有很多问题，得首先解决好才行。

邦妮：(再次起身，准备离开）我认为您会说“不行”的。

斯科迪：也许吧，不过在我看来，假如你想在外面待晚一点，咱们首先就必须处理好一些事，比如说你妈妈那边（迷惑法和“我是一张坏唱片”法)。

邦妮：她从来都不跟我谈这事儿。对于她，我能怎么办呢？

斯科迪：为什么你不去跟她谈谈呢？你确实想要在外面待晚一点，不是吗？

邦妮：是的，可她跟您一样。我看得出，她也不相信我。

斯科迪：唔，那么咱们3个人坐下来谈谈，怎么样？

邦妮：您会让我在外面待得更晚吗？

斯科迪：要是我们能解决掉某些问题的话，我会的（迷惑法)。

邦妮：哪些问题呢？

斯科迪：比如说，首先就是你妈妈对这事儿的想法（可行折中法)。

邦妮：还有呢？

斯科迪：另一方面就是让我相信你会说到做到（可行折中法)。

邦妮：我说过吧，您就是那样想的。您不相信我，像对小孩子那样对我。

斯科迪：邦妮，到现在为止，你已经让我相信，你想在外面待得更晚。大部分时间，你都是在让我相信这一点。我可不会读心术。要是我们改了回家时间的话，我根本就没法知道你是不是会在外面待到12点半。那样咱们可就又回到老问题上了。我会担心，而你会受到限制（否定决断法和“我是一张坏唱片”法)。

邦妮：可我会在 11 点半回家，我会的！

斯科迪：那你打算怎样来让我确信？就目前来看，你那样说，我很难相信（“我是一张坏唱片”法）。

邦妮：我可不知道。

斯科迪：向我证明你能够说到做到，怎么样（可行折中法）？

邦妮：怎么做？

斯科迪：暂时性地按时回家，怎么样（可行折中法）？

邦妮：您只关心让我 10 点半回家！

斯科迪：对我来说，几点钟实际上不重要，邦妮。重要的是你说到做到（自我表露法）。

邦妮：那就让我在外面待到 11 点半呀。

斯科迪：要是我相信你那时会回家的话，我很愿意那样做（可行折中法）。

邦妮：我会的。

斯科迪：你怎样让我相信你会呢（“我是一张坏唱片”法）？

邦妮：不知道。

斯科迪：暂时性地按我所说的时间准时回家，怎么样呢（可行折中法）？

邦妮：要是下周我都 10 点半回家的话，您就会相信我吗？

斯科迪：1 周可不够啊（可行折中法）。

邦妮：那要多久呢？

斯科迪：5 周或 6 周怎么样？要是到下个月中旬，你都没有让我担心，我就会乐意商定一个新时间的（可行折中法）。

邦妮：从那以后，我就可以在外面多待 1 小时了？

斯科迪：要是你不食言、不让我再担心，并且你妈妈也同意的话（“我是一张坏唱片”法和可行折中法）。

邦妮：她决不会同意的。

斯科迪：你试一试，又有什么不好呢（可行折中法）？

邦妮：您为什么不去跟她说呢？

斯科迪：我打算把我的想法一五一十地告诉她。不过，你还是得自己去跟她商量，把问题解决掉（可行折中法）。

邦妮：我不知道跟她说什么。

斯科迪：那何不让我们3个人坐下来，一起讨论呢（可行折中法）？

邦妮：您会站在我这一边吗？

斯科迪：就咱们今晚所谈的事情来说，我会的。

邦妮：好吧，爸爸，咱们明天就干吧。

斯科迪：要说服你妈妈，让她确信你会按时回家，只谈一次可能是不够的。

邦妮：我就担心那个呢。

斯科迪：那你想不想试一试，看看是什么结果呢？

邦妮：好吧。

斯科迪：很好！拥抱爸爸一下，然后睡觉去吧。

邦妮：好吧。

学会这种新办法后，斯科迪就完成了自主治疗。他跟我培训过的其他学员一样，在运用自主技能应对青少年上，获得了更多的成功。

在下一章里，我们将看一看斯科迪教给女儿的一种技能：强势地找到办法，跟平等的人相处。

Chapter 10

朋友与亲戚关系——想出折中方案或直接说“不”

最难强势的时候，就是和真正在意的人打交道的时候。这些我们在意的人，也就是跟我们平等相待的人，像父母、朋友、恋人和配偶。

在与他人形成的所有互动关系中，平等关系是先验性结构最少的一种。与平等相待的人产生矛盾时，你“应当”如何应对呢？假设你的室友是同性恋，但直到他（或她）向你示爱的时候你才知道，那么你“应该”怎么办？指点你如何“恰当”地跟同性恋朋友交往的规则手册，又在哪里？艾米莉·波斯特[a]女士懂这个吗？再举一个危险性小得多的例子：假如室友想要你跟他（或她）的一个朋友约会，可你提不起一丁点儿兴趣的话，又该怎么办？要是你的朋友或室友不断地用特定的行为烦你，你又得遵循什么样的规则来应对呢？要是你的配偶也这样干呢？用什么“恰当”方法，来应对亲密的矛盾呢？

所有这些疑问的答案是：根本就没什么恰当、正确或唯一的方式。即

a 艾米莉·波斯特：Emily Post（1872~1960）。美国女作家，著有《礼仪》（Etiquette，1922）一书。

便是《圣经》也没有给出建议说，在别人打了你的左脸[a]之后，你又该怎么办。在这些平等的互动关系中，一切都可以协商，你甚至可能还得去做工作，说服由谁来倒垃圾呢。

你跟配偶之间出现矛盾后，要是你想当然地认为，任何事（包括问题的解决之道），都必须遵循婚姻或亲密关系中的某一整套武断性规则才行，那么可能很难找出解决办法。这种例子很多，比如说丈夫不“应该”让妻子心烦，妻子“应当”依从丈夫，朋友“应当”善待彼此等等。武断性规则会妨碍你或你的配偶说出自己的真正意愿，妨碍达成双方都能接受的折中方案。强势起来，可以让你们弄清双方的真正意愿，这样，折中方案往往就自然而然地出现了。

比如，你想穿利维斯牌牛仔裤[b]和粉色T恤，不过只在上班穿，而你妻子呢，其实也只有在你穿着这一身惹眼的衣服去见岳母时，才会真正心烦。你妻子可能会穷尽所有不自信且带有操控性的说辞：“你应当穿得像个成年人，不能穿得像小混混。”“你难道不在乎别人怎么想吗？”“没人穿成你那样！”然后才说出“我想”或“我不喜欢”之类的话语，以取代这些“应当”说辞，让你们找出折中办法。

配偶用于控制你的操控手段，通常都不是恶意或有害的，而只是孩提时代训练出来的——小时候，每当我们心中忐忑、不知道怎样应对时所习得的那些操控手段。有些病人属于非自我肯定型，会用很多操控伎俩去控制别人，在对他们进行临床治疗的过程中我发现，这些操控者通常都带有隐藏的忧虑性动机。操控者本人也都意识到了这些动机，但他没法应对，更不用说去跟亲近的人交流了。

---

a　别人打了你的左脸：源自《圣经》中的《马太福音》——“有人打你的右脸，连左脸也转过来由他打。”实际上是教导人们要克制，不能以恶制恶。

b　利维斯：Levis。美国著名服装品牌，主营牛仔裤。也译作，李维斯。

对于有的人来说，这些隐藏的忧虑动机只表现在感受的层面上。这类病人说不出忧虑的具体原因。他们说不出，是什么让他们不安，也无法说出，要是你做了“某件”事，究竟会有什么让他们担心。尽管无法说清，他们也还是觉得，必须掌控或限制你的行为。

一些跟成年子女有矛盾的老年患者，对独自生活或经济上依赖子女这些问题，往往心存隐性的忧虑动机，尤其是这些病人的配偶年老体衰或去世的时候。有时在一些能够给予情感支持的成年人（比如说患者的成年子女）的帮助下，患者能应对好这些忧虑动机。可惜，这些隐性的忧虑动机，往往表现为老年父母最苛求、最严格、却又很“和蔼”地操控子女的行为。

那些喜欢操控配偶的年轻夫妇，也有自己的隐性忧虑动机，主要集中于他们依赖配偶，想以此摆脱现实并获得幸福的心理。这些可怜的人，担忧自己没有性魅力，担忧配偶不爱他们，或担忧配偶有其他性伴侣，担忧自己不是称职的父母，担忧自身能力有局限，甚至是对“感到担忧”这一点，也心存忧虑。

总之，在临床环境下，大多数非自我肯定型患者，都有一种消极心态，他们通常都不是心存恶意、粗俗鲁莽的混蛋或泼妇，而是一些没有安全感的人，他们的做法，不过是在用自己所知的最好办法来应对罢了。

我建议学员，要带有同理心地去应对自己在意的人，重点还是在强势上！

你可以跟带有操控心理的配偶多沟通，综合运用所有的自主性语言技能，来消除配偶的操控行为，鼓励他强势起来，并说出心中所想，取代消极的心态，哪怕他的态度极其挑剔。这样，你才更可能在不伤及配偶自尊的前提下表明观点，同时也能促使你的配偶，去审视他那些影响到亲密交流的隐性需求。

练习上，我会让学员先从应对最不亲近、却每天都见的人（如同事或熟人）入手。只有当学员能够心安理得地坚持自身权利，而不需要用任何武断性规则来做后盾时，我才会建议学员去应对自己真正在意的人。

现在，让我们来看一看本章的第一段对话。这段对话解决的是平等者之间的矛盾：如何应对同事，以及一名想借车的朋友。

对话 25. 当同事、朋友想借车——对他说“不”

在这个练习中，我要他们演绎下面这种情形：一位同事（或朋友、亲戚），想借用学员的汽车，并用了很多的操控伎俩来达到目的。这是生活中很常见的事，许多学员都诉苦说自己应对不了。你或许会认为，要么就得把车子借给对方，才能和平相处，否则关系就会破裂；要么就得发火，这样才能让对方相信，你决不会把汽车借人。

为了消除学员的忧虑感，我首先让他们练习说“不”。

对话场景： 你正在休息间喝咖啡，同事哈利向你走来，坐下。

哈利：老兄，见到您可真高兴！有件事实在难办，恐怕没人能帮我了。

你：什么事情呢？

哈利：我想下午借您的车用一下。

你：唔。那是难办，今天下午我可不想把车子借人（迷惑法和自我表露法）。

哈利：为什么呢？

你：我承认您需要用车，不过我就是不想把车子借人（迷惑法和“我是一张坏唱片”法）。

哈利：您要去什么地方吗？

你：我可能自己要用车的，哈利（自我表露法）。

哈利：您什么时候用呢？我会准时还回来的。

你：我相信您会，不过今天我就是不想把车借人用（迷惑法和“我是一张坏唱片”法）。

哈利：以前我每次向您借，您都借了啊。

你：是的。以前我是这样的，不是吗（否定决断法）？

哈利：那今天为什么不借呢？以前我也很爱惜您的车呀。

你：是的，哈利，我也明白您遇上难事儿了，不过我今天就是不想把车子借人（迷惑法、自我表露法和“我是一张坏唱片”法）。

到此为止，你都只是在应对一位带有操控目的的同事——向你借车、要你抽时间、想借你的学习笔记、借你的停车许可证、借你最新款的打印机……这样的同事并无恶意，他们只是想借你的东西，却没有考虑你的感受。大多数学员觉得，拒绝向对方解释并不难。然而，不对朋友、家人解释清楚，就要困难得多。为了让学员学会应对，我让他们把对话中的哈利从同事改为好友，并指导他们强势地表露出忧虑，来应对朋友的操控。

哈利：瞧，我开车可是老手了，从来都没把您的车子弄坏过。

你：是的，哈利，可我把车子借出之后就会担心，所以我不想再有那种烦恼了（迷惑法和自我表露法）。

哈利：我不会弄坏您的车子，您又不是不知道！

你：您不会的。我知道这个，我也觉得自己很傻，可我确实担心（迷惑法和否定决断法)。

哈利：那么，您为什么不把车借我呢？

你：因为我不想担这种心(自我表露法)。

哈利：可您知道，我是不会出问题的。

你：您说得对，哈利。问题不在于您，而在于我。我把车子借出之后，就是感到担心。所以我不打算把车借出去(迷惑法和自我表露法)。

哈利：好啦，您应当想个办法才是。

你：比如说呢？

哈利：去看精神科医生之类的。我可不知道。

你：谢谢您的建议。我也许会去，也许不会去。再说吧。

许多学员都说，大家都想偶尔能跟好朋友说声“不”，说到做到，以维护他们的自尊。因为他们以往对别人总说“好”，从不回绝。这样，朋友就总以为能借到他们的车。

一些学员问我，为什么不直接走到哈利面前，直言不讳地说：“瞧，哈利。您有时太固执了。我的车有时您可以用，有时您不能用。别总是指望从我这儿借东西啦。”然后让他该怎么着就怎么着吧！

其实，正如柴郡猫对爱丽丝[a]所说的那样，采取什么样的方式，主要取决于你想要什么样的结果。如果你想改变朋友长期的操控行为，那么，在一段时间里改变自己对待他的行为，可能是最为有效的方式。

假若你想发泄出对哈利过去操控你的怒火，获得更直接的满足感，那

---

a 柴郡猫和爱丽丝：Cheshire Cat and Alice。英国作家刘易斯·卡罗尔所著童话《爱丽丝漫游奇境记》中的两个卡通角色。前者是一只能随时现身、随时消失的短尾猫，总是带着平静、诱人的微笑，来掩盖自己的胆怯；后者是全书主角，一个纯真可爱的小女孩，充满好奇心和求知欲。

么，跟他明说就是一条最有效的途径。

你可能无法做到两者兼顾：既能数落哈利，同时还能维持友谊——除非你们非常非常亲密。那种情感发泄方式，在会心小组里应用的效果很好，但通常不会转移到现实世界中，也就是说，一个单方面的会心小组是没什么用的。哈利首先得加入治疗小组，然后才能接受你的情感发泄。

要跟哈利直言不讳地说“你也许能用我的车，也许不能”，另一个难点就是，这话不但可能让哈利糊涂，还可能激怒他。哈利可能根本就不知道你的问题所在，不知道你为什么要拿他撒气，毕竟他又没偷你的车，对不对？他不过是经常借而已，何况你又是答应了的。要是你不想借他车，为什么你以前不说，现在却小题大做呢？

你得想清楚，你想要给予朋友的是什么，并强势地承担起决定带来的后果，但你不能这样做：要求哈利猜测你会不会借车给他，从而控制他的行为——这样实际上是要求哈利来猜测你的心思！做出借车或不借车决定的，是你而不是哈利。那是你的汽车。借与不借，都取决于你！

大多数学员都会问我：“您的意思是说，我不应当给朋友什么理由，来说明我想做什么，或解释我为什么想做吗？”

我的回答显而易见：“假如你跟朋友有着同样明确的目标，并正在一起努力实现的话，那么两个人通力合作，通常要胜过一个人单干。不过我们现在说的，是出现了矛盾、并且没有明显共同目标的情形。你想要这样，可朋友想要那样。当你给出理由，你的朋友就会提出同样正当的理由。

“在矛盾冲突中，给出理由来维护某一观点的做法，跟给出理由来攻击的做法一样，都带有操控性。这两种方式都不是诚实而强势的‘我想要’的方式，但是，我们只有通过‘我想要’的方式，才能达成可行的折中办法，从而迅速解决问题。”

下面这段简短的对话，涉及的是邻里关系：一位强势的女士，如何迅速应对突如其来的操控行为，这种情况有许多人都感到难以应对。

对话 26. 波比应对提要求的邻居
——在毫无思想准备时，保持冷静沉着

波比就是先前谈“否定询问法”时提到的郊区主妇。下面是她与另一位邻居斯利克医生，就另一个游泳池——真没想到呀，你猜对了——发生的一段对话。

对话场景：波比正在前院栽常春藤，这时斯利克医生开着他那辆马林纳拉·郎格斯迪诺牌定制跑车过来了。他到波比面前做了自我介绍，然后开始交谈。

斯利克医生：您好，我是您后院那边的邻居，我叫斯坦利·斯利克。我想，您认识我太太珊达吧。

波比：是的，我们常常隔着篱笆打招呼呢。您好。

斯利克医生：您好。我想跟您说，我打算在后院修个游泳池，就在您的桉树下边，那些树会掉很多叶子到泳池里的……

波比：天哪！您没开玩笑吧。它们的确会掉叶子进去。您的园丁现在每周肯定得捞三四个蒲式耳[a]的落叶吧（否定决断法）。

斯利克医生：（说到一半被打断了，停了停，然后改变策略）哦，我实际上并不在意落叶，只是您的树挡住了下午的太阳，而我只有在那时才能

a 蒲式耳：bushel。英美用来计量谷物、水果、蔬菜的容量单位。

游泳。

波比:（回头看那些树）您也许说得对。假如您把泳池正好建在树下，确实会很阴凉的（迷惑法）。

斯利克医生:（再次停了停，眼睛飞快地来回打量波比和那些树）几周前我就注意到，这些树太高，该请工人来修剪修剪了。

波比：是的（迷惑法）。

斯利克医生：要是我付工钱，您愿不愿意砍掉呢?

波比：不愿意。

斯利克医生：不愿意?

波比：不愿意。

斯利克医生：哦!

波比：您打算什么时候修建呢?

斯利克医生：明天。

波比：要是您早点说就好了。我在以前住的那栋房子里也建了一个泳池，可后来给我添了不少麻烦。我犯过的那些愚蠢错误，也许可以让您有所获益的（自我表露法和否定决断法）。

斯利克医生：唔，现在说已经迟了。我已经签了合同，同意了修建计划呢。

波比：您也许可以让他们把泳池建得靠您屋后一点儿，离树远一点儿，这样，这些树就不会给您带来太多麻烦了（可行折中法）。

斯利克医生:（向他的汽车走去）我拿不准。

波比:（同情地）坚持您自己的权利! 假如您想改改泳池的位置，您是有权要求他们改动的。那可是您家的泳池，花的也是您的钱!

斯利克医生：也许吧。我会跟他们谈谈的。谢谢!

当波比跟我说这件事时，她十分自豪，因为她用冷静沉着的方式，应对了一场毫无思想准备的操控性谈话。我也认为，她干得相当漂亮。

下面这段对话，描述的是一位学员如何应对朋友借钱做生意的请求——这名学员先是暂时答应了朋友的请求，后来又改了主意。

对话 27. 艾伦的好友问他借钱做生意——说出自己的担心

艾伦是一位数据处理员，30 来岁，结了婚但还没孩子，他的薪水优厚，所以婚后他将一部分薪水存了起来，既是未雨绸缪，也是为将来的投资做准备。除了存款，艾伦刚刚还从一位叔叔那里继承了一笔 2000 美元的小遗产。

对话场景：在休息时间，好友拉尔夫走进他的办公室，开始跟艾伦交谈。

拉尔夫：艾伦，还记得跟那家电子产品商店的那桩生意吗，我跟你说过的？

艾伦：记得呀。

拉尔夫：唔，我准备接手，不过我还缺 1600 美元。

艾伦：你打算到哪里去弄这笔钱呢？

拉尔夫：这正是我要跟你谈的。你出 1600 美元，我来张罗所有的事，到时你拿 10% 的利润。

艾伦：谢谢你的提议，拉尔夫，不过我不感兴趣（自我表露法）。

拉尔夫：可这确实是桩好生意呀。咱们之前商量过的。你当时也觉得很有赚头呀。

艾伦：是的，不过我现在对它不感兴趣了。

拉尔夫：你可不能错过。6个月之后，你就可以得到10%的收益呢。

艾伦：你也许说得对，不过我不感兴趣（迷惑法和自我表露法）。

拉尔夫：为什么不感兴趣？你又不是没有这笔钱。你跟我说过，上个星期刚继承了2000美元。

艾伦：你说得对，不过我仔细考虑过了，决定不把生意和友谊搅到一块儿（迷惑法和自我表露法）。

拉尔夫：别担心那个。你知道我不会骗你。这可是合法的生意。

艾伦：我同意你的说法，没什么可担心的，不过涉及大笔资金，我很担心事情会如何进展。我会对你密切关注，看你拿着我的钱在干什么。我知道可以信任你，拉尔夫，我也知道自己担这种心很傻，可我就是这样的人（迷惑法、自我表露法和否定决断法）。

拉尔夫：这我倒是不担心。你可以查验你想查的一切。

艾伦：我相信，要是我来查你的话，你并不会心烦，拉尔夫，可这样会让我心烦的。我只是不想影响到友谊（迷惑法和自我表露法）。

拉尔夫：你知道，我是有能力还钱的。以前我也借过钱，并且都还了。

艾伦：那是当然，不过这是借钱做生意，不是朋友间的借款。我担心，要是咱俩一起做生意，友谊就会前功尽弃的（迷惑法和自我表露法）。

拉尔夫：就我而言，是不会这样的。

艾伦：我相信你不会让这个影响到你，可问题出在我这儿。我知道，要是我把钱借给你，我对你的感情就会发生变化。我也知道这很傻，知道不该那样，不过我就是那样啊。我感觉自己就是那样（迷惑法、自我表露法和否定决断法）。

拉尔夫：好吧，要是你坚决这样认为，我会试着到别人那儿搞这笔钱的。虽然不知道找谁去弄，但我会试一试的。

艾伦：让我去跟我认识的一些人谈谈吧。要是他们感兴趣，我会让他们给你打电话，好吗（可行折中法）？

拉尔夫：好的。

艾伦：拉尔夫。

拉尔夫：嗯？

艾伦：谢谢你先来问我。

此后，艾伦给好几个生意伙伴打了电话，但他们都不想参与。艾伦喜欢拉尔夫，也乐于跟拉尔夫待在一起，可能因为拉尔夫总能想出一些有意思的方案，这些点子跟艾伦的思维方式大不相同。

尽管艾伦喜欢拉尔夫的创新才能，然而一涉及金钱，艾伦就会担心，而他并不想让自己的谨慎影响到他对拉尔夫的好感，所以，他就强势地把担心以及友谊的重要性告诉了拉尔夫。

下面这组对话中，你可以看到，一些学员如何应对极为情绪化、容易激起忧虑感的情形。许多人，可能包括你，都很难应对这种情形——成年之后，父母仍然干涉我们的生活。

对话 28. 桑迪面对事事插手的父母
——从权威压迫式巧妙转变为平等互动式

在我指导的自主培训班中，有超过半数的学员，都没能与父母建立起一种平等关系。他们都离开了父母，自己生活，可过了许多年，父母仍然保持着那种掌控一切的终极权威形象。这些父母并不会直接跟子女说要这样那样做，而会用某种方式，在成年子女面前，保留着最终的首肯或反对权。

这些可怜的子女，有的40多岁有的50多岁，甚至还有60多岁的人，可他们的生活，却仍由一个八九十岁的老暴君支配着。许多子女并不知道问题究竟出在哪里，他们只知道，事情只要牵涉到父母，结果就会莫名其妙地变成不愉快和忍气吞声，他们无力改变现状，只能痛苦地忍耐着。

由于这种过气的权威式关系给许多学员带来了困苦，所以我总是让他们练习各种自主技能，目的是让他们用一种新方法去应对父母的摆布，不用再不情不愿地对父母做出回应。因为父母的很多请求、建议或要求都带有操控性。

我早期的一名学生桑迪，就做得很棒。这要从对父母说“不”开始。

桑迪学习让自己变得强势，学习在跟父母那种令人担忧的互动关系中坚持自身权利的时候，才24岁。此时，她已嫁给杰伊11个月，并且大学毕业了，正在代课教书，而杰伊正在攻读工商管理硕士学位。

桑迪所进行的自主训练，主要对象是她的母亲。母亲总是要求桑迪多关心关心她，而当桑迪的姐姐和哥哥都结婚成家搬走后，尤其如此。桑迪的母亲，是一个老套刻板的意第绪妈妈，这位母亲的典型性格特点，她对家人的操控方式，以及她公然或狡猾地让别人产生内疚、无知和焦虑感的做法，是很常见的。我和同事们，已经确定无疑地在犹太人、阿拉伯人、异教徒、天主教徒、新教徒、无神论者、东方人、黑人、白人、民主党人（南北都有）、共和党人、无党派人士、自由主义者、保守派、大男子主义者身上，甚至在一些思想解放的女性身上，都一再看到过这种应对习惯。总之，我们越没有安全感，越不强势，做法就越会像这位意第绪妈妈一样，只不过，我们会比她做得更狡猾而已。

我和桑迪进行了讨论，看她可以怎样应对母亲与日俱增的操控，同时既不破坏母女关系，又不必像她的哥哥姐姐那样，逃避这种关系。由于去应对母亲这一点让她很担心，所以她需要进行大量的练习，才能建立新的回应方式。

跟下面这段对话前半部分类似的交锋，桑迪经历了6次，才看到母亲的行为和态度有了改变。下面这段对话是一个样本，浓缩了桑迪父母数周中使用的操控伎俩，以及桑迪所说的自主性话语，这些话语是她在减少父母操控、同时鼓励父母更强势地应对女儿、女婿的过程中说的。有一些对话是桑迪主动发起的，但大多数都是由她母亲发起的。

对话场景：桑迪和杰伊正坐在家中的沙发上看电视。电话响了，桑迪接电话。

妈妈：桑德拉[a]，我是妈妈。

桑迪：嗨，妈妈。您还好吗？

妈妈：你爸爸感觉不太好。

桑迪：哎呀。他哪儿不好呀？

妈妈：我不知道。他就是想这个周末见到你。

桑迪：严重吗？

妈妈：你跟他说吧。

桑迪：爸爸。您哪儿不舒服呀？

爸爸：还是后背的问题。我觉得，可能是修剪树枝的时候，拉伤了一块肌肉。

a 桑德拉：Sandra。文中的Sandy（桑迪）是Sandra的昵称。

桑迪：谢天谢地！听妈妈说话的声音，我还以为很严重呢。

爸爸：没那么严重啦，只是疼得厉害。这个周末你们什么时候过来呢？

桑迪：我相信您的后背很疼，爸爸。我希望您很快就好起来，不过这个周末我没准备过来看您。我有别的事情要处理（迷惑法和自我表露法）。

爸爸：什么事比看你妈妈还重要呢？

桑迪：我明白您的感受，爸爸，不过这个周末我不会过来（自我表露法和“我是一张坏唱片”法）。

爸爸：（烦躁起来）你这可是在跟爸爸说话！

桑迪：您说得对，我相信我的话听起来好像有点不尊重您，不过这个周末我不会过来的（迷惑法、否定决断法和“我是一张坏唱片”法）。

爸爸：你知道吗，你妈妈已经买了一只火鸡，准备做晚餐。

桑迪：不，我不知道呀（自我表露法）。

爸爸：她是买给你和杰伊吃的。很大一只。我们自己可吃不完。

桑迪：是的，我相信你们吃不完（迷惑法）。

爸爸：要是你们不过来吃晚饭，你妈妈拿那只火鸡怎么办？

桑迪：我不知道。她能怎么办呢（自我表露法）？

爸爸：你妈妈会很难过的。

桑迪：我相信她会难过，爸爸。不过周末我不会过来（迷惑法和“我是一张坏唱片”法）。

爸爸：（对旁边的妈妈说）跟你女儿说吧。她说她没打算过来。

妈妈：桑德拉。

桑迪：嗯，妈妈。

妈妈：我们都做了什么，让你这样对你爸爸发脾气？他可是病人。自从去年心脏查出有杂音，我一直都很担心他。他不会永远活着，你是知道的。

桑迪：我相信爸爸心脏出问题之后，您一直都很担心，我也知道，由于鲍勃和琼不在你们身边，你们一定觉得很孤单。不过，我这个周末不会过来（迷惑法、自我表露法和“我是一张坏唱片”法）。

妈妈：你哥和你姐只要我们说一声，就会来。我们只需要叫他们一声就行。

桑迪：是的，妈妈。他们确实陪你们陪得多，不过这个周末我不会过来的（迷惑法和“我是一张坏唱片”法）。

妈妈：这样对待你爸爸，你做得可不对啊。

桑迪：（温柔地）我什么地方做得不对呢（否定询问法）？

妈妈：他想看看你，可你不过来！

桑迪：他想看我，可我不过来，这中间哪儿不对呢（否定询问法）？

妈妈：一个好女儿，肯定会来看她爸爸的。

桑迪：我不过来看爸爸，怎么就让我成了一个坏女儿了呢？

妈妈：要是你真爱我们，你就会愿意来看我们的。

桑迪：我这个周末不过来看你们，怎么就说明我不爱你们呢（否定询问法）？

妈妈：我这一生可还从没听说过这样的事呢。

桑迪：什么事，妈妈？

妈妈：女儿顶妈妈的嘴呀。

桑迪：我跟您顶嘴，什么地方让您觉得这么奇怪呢（否定询问法）？

妈妈：你以前可从来没有这样干过。

桑迪：（不带挖苦之意）是的，以前我从来都没跟您顶过嘴，对吧（迷惑法）。

妈妈：你跟杰伊结婚后，就变了。嫁给他之前我就提醒过你，得当心才行的。

桑迪：我不明白。我得当心杰伊什么呢（否定询问法）？

妈妈：首先，他让你变了。

桑迪：是的，妈妈，他让我变了，不过我还是不明白，我变了有什么不对呢（迷惑法和否定询问法）？

妈妈：我知道，他一向都不喜欢我。而现在，他又让你在我跟他两个人之间做选择。

桑迪：我相信杰伊跟您之间是有些芥蒂，不过要是我决定周末不过来的话，那可是我的选择，不是他的（迷惑法和自我表露法）。

妈妈：我们为你操尽了心，送你上了大学，现在倒成了这样。

桑迪：是的，妈妈。要不是您和爸爸，我到现在都还毕不了业。你们出钱供我上学，我仍然很感激的（迷惑法和自我表露法）。

妈妈：要是你真的那么感激，就在行动上表现出来呀。

桑迪：怎么表现呢？

妈妈：这个周末过来，让你爸高兴高兴呀。

桑迪：您说得对。要是我过来看他，可能会让他很高兴的，不过我没打算过来（迷惑法和"我是一张坏唱片"法）。

妈妈：你这样说，我觉得你是不想来看我们。

桑迪：反正这个周末不行，妈妈（自我表露法）。

妈妈：是不是我们做了什么，让你生我们的气了？

桑迪：没有，真的没有生气。您有时是让我觉得恼火，就像现在这样，我都跟您说了"不行"，可您还是一直逼我。不过我也太傻了，因为那就是您的做事风格。可您这样还是让我心烦啊（自我表露法、否定决断法和自我表露法）。

妈妈：好吧，要是我让你心烦了，我道歉。（直流眼泪）我只是想让我们在一起，不要彼此生分了而已。

桑迪：我知道，妈妈。我也想让我们的关系很亲密。不过，假如我要过自己的生活，那么有时我就必须坚定立场说“不行”，哪怕是对您和爸爸。我不知道还能怎样做，我希望我知道……可是我不知道（自我表露法和否定决断法）。

妈妈：你没必要因为我关心你，就对我这么凶呀。

桑迪：是的，我不该对您凶，妈妈，要是您不再逼我，我也会尽量不这样。好不好（迷惑法和可行折中法）？

妈妈：就是说，你不想再来看我们了？

桑迪：我相信自己给了您那种印象，妈妈，可我不是那个意思。我觉得，这只是我必须彻底从心里改掉的一个方面罢了，我觉得自己仍然太过依赖你们了。要是不那么经常回娘家，我相信过一段时间之后，这一点就不会再让我心烦了（迷惑法、自我表露法和可行折中法）。

妈妈：（吸气）起码你会给我打电话，让我知道你过得好不好吧？

桑迪：要是那样做，会让您觉得舒服一点儿，那我每个星期都给您打电话，跟您说说我想干的事吧（可行折中法）。

妈妈：你保证那样做？

桑迪：我尽量保证那样做，不过您可别忘了……有时我是会忘事儿的。我不是十全十美呀（可行折中法和否定决断法）。

妈妈：确实是那样。不过你会尽量的，对不？

桑迪：我尽量吧（可行折中法）。

最初的几次交锋并不一帆风顺。有好几次，母亲都把电话挂了。但母亲总会隔几天又打电话来，似乎什么都没发生过。跟母亲辩论了几次后，桑迪觉得，父母给她施加的压力越来越少了。母亲也不再指指点点，告诉她怎样才能当一名好老师了。这种变化开始变得明显之后，桑迪认为，父母都越来越尊重她，尊重她按照自己的意愿去做事。假如桑迪想做什么，比方说购物，要是时间跟妈妈的计划套得上，那么她们都会很高兴，要是时间套不上，妈妈也不会发牢骚，不会唠唠叨叨，而是会像桑迪一样，自己去安排。

在作为成年人、坚持独立性的过程中，桑迪发现了一个最奇妙的结论：就算是她那位意第绪式的母亲，对于逐渐变老和孤独生活这一点，也有着成年人都有的担心和忧虑，而成了年的女儿，反而可以在“成年人对成年人”的关系基础上，来帮助母亲应对。

桑迪跟父母之间的困境，曾经让她非常心烦，但并非只有女性跟父母之间才存在这样的问题。让我们看看下面这段对话。

对话 29. 保罗让父亲不再干涉自己的婚姻和工作
——综合运用强势技巧

30 岁之前，保罗一直都跟桑迪一样，跟父母交往存在着问题。在很多事情上，他都严重地依赖父母。

10 年前，保罗跟康妮结婚，婚礼大大小小的事，都是由保罗的父母安排的；保罗和康妮那两个孩子的教父，也是父母挑选的；保罗生意做得不顺，好几次都靠父母施以援手；而保罗第一次生意破产，父母又出了钱，让他开了一家新公司。尽管保罗的父母并不富裕，但他们还是做了这一切。

从临床角度来看，父母对保罗的期望很高，事事都想要保罗按照他们的方式去做，想要保罗做他们想要的那种儿子。他们一直用一种自我牺牲的“家人”方式，做出干涉保罗生意的种种事情，最终结果就是，即便从年龄和法律上来说保罗已成年，但他仍然十分依赖自己的父母。

娶了康妮后的 10 年间，保罗曾跟她分了两次手。两次都是父亲插手干涉，即便保罗说，他跟康妮一起生活非常痛苦，父亲也想说服他回到康妮身边。虽然保罗和康妮经常会在钱、宗教、养育孩子以及休闲生活等方面产生矛盾，但他们从来没发生过厉害的夫妻大战。康妮控制保罗的方式，是操控性地、不愠不火地用言语抨击保罗，而保罗呢，则用他应对父母的相同方式来回应康妮，他以不声不响来“反抗”，最终都会让步。

在保罗结婚10周年纪念晚会上（除了父母，谁会给他们举办呢？），保罗喝得酩酊大醉，他多年积聚的怨愤终于爆发。就在康妮喋喋不休地唠叨了两小时、不让他多喝酒之后，他走到自助餐台，拿起一块母亲烤的周年蛋糕，对康妮说：“你去死吧！”接着把蛋糕扣到了她头上。然后保罗离开了晚会，开车到汽车旅馆过了一夜。第二天酒醒，他回到家中跟康妮抱歉“搅黄了晚会”，还说日后要是她还唠叨，就会“狠狠地打她耳光”。他们吵了几小时架，康妮对保罗说，他有精神病，应当去治疗。

对于可能帮他走出困境的任何事，保罗都愿意试一试。于是他就来到了我的自主培训班。经过数周的强化治疗，保罗问我，他能不能带康妮一起来。

我明白，显然，保罗是想要我来当他们夫妻之间的裁判。我告诉保罗，要是康妮愿意来，我很乐意见见，不过根据我的经验，要是想让我当裁判，说说谁对谁错，那是不会有什么治疗效果的。

保罗承认，他这个请求只是一种带有操控性的尝试，他的确是想让我去告诉康妮，说她不该那么对他。不过他还是认为，夫妻俩一起来培训，是个不错的主意。后来，康妮也同意来参加治疗。

保罗的治疗比较顺利，几周后，他已经不再感到那么焦虑了。可康妮却犹豫起来，不愿再参加。我跟她解释说，在婚姻问题咨询的初期，要达到的唯一目标，只能是探究夫妻各自对于婚姻的感受。这样才能协助二人做出决断，看是否还需要维持这种婚姻关系，是否可以一起努力，找到应对彼此的新方式。一旦决定了如何处置婚姻关系，保罗和康妮才可以共同接受治疗，学会用新的方式生活。

不过，任何可以让保罗对婚姻做出决定的尝试，康妮都一概消极抵制，实际上就是不想让保罗做出任何不合她心意的决定。康妮的心愿是，保罗应该按照她的标准，做到“行为检点”。她坚持说保罗才是“患者”，需要进行治疗，才能恢复正常。显然，她并不愿意探索什么新方式，来解决共同的婚姻问题。

看到康妮这样，看到她不愿正视自己对于婚姻困境所负的责任，保罗便放弃了尝试，选择了分居，并离了婚。接下来，康妮也不再治疗，而保罗则要求继续治疗，并且学习去应对其他人。

保罗很希望进行加强练习，好让他能强势地应对父亲，不让父亲再操控他的婚姻大事，在不逃避或疏远父母的同时，获得独立，让自己不再受父母的影响。

下面这段对话，就是一天下午，保罗跟父亲进行讨论的简缩版。

对话场景：保罗没有等父母联系，而是主动去了父母家，跟父亲说他决定跟康妮分手。保罗走进客厅，父亲从椅子上起身，冷冷地跟他打了声招呼。

父亲：我还在想，不知道还联不联系得上你呢。康妮来过，她告诉我们，说你最后一次接受那位医生的辅导后，就想离婚。有时候，我真觉得你的脑袋长反了。

保罗：我也这样想，爸爸，我也是这样想的（否定决断法）。

父亲：这次离婚你不是当真的，对吗？

保罗：对于离婚，我还不知道。但对于跟康妮分居，我是认真的（自我表露法）。

父亲：这样做真傻。我可希望你能有点儿好事。

保罗：您说得对，爸爸，是很傻，我也相信您希望我跟现在不一样，不过我会挺过去的（迷惑法和“我是一张坏唱片”法）。

父亲：之前你已经胡闹过两次了，幸好我能让你明白，什么才是正确的做法。

保罗：您说得对。以前我试过两次了，您也的确劝服了我，但这一次不会了。我已经受够康妮了（迷惑法、“我是一张坏唱片”法和自我表露法）。

父亲：以前你也提出离婚，结果呢，只是惹出一大堆不必要的麻烦。除此之外，还得到了什么？一无所获。

保罗：确实那样。是我太优柔寡断了（迷惑法和否定决断法）！

父亲：你不会想要离婚的。

保罗：是的，爸爸，我不想离婚，不过我跟康妮已经结束了。不管是用什么办法——分居还是离婚，不管是什么（迷惑法、自我表露法和“我是一张坏唱片”法）。

父亲：唉，她显然是做了什么让你气得要命的事吧，否则你也不会用妈妈做的蛋糕砸她脑袋。还有，你醉得一塌糊涂，要不也不会干出这种事。这些都会慢慢淡忘的。你得像以前一样，灵活点儿才行。

保罗：爸爸，您说得对，她的确让我很生气。我只有喝醉了，才有勇气砸她一下子。那样做很傻，我应该等到晚会结束，然后再跟她摊牌的。我毁了那场晚会，不过我又能说什么呢？那样干了，我并不觉得遗憾。我只希望，没有让您二位难过（迷惑法、否定决断法和自我表露法）。

父亲：别担心我们。你妈妈刚哭过一阵了。康妮变得歇斯底里，仅仅因为小杰米嘲笑她脸上全是奶油，就把他胖揍了一顿。弄得我不得不去拦住她，否则小杰米就会受伤。

保罗：我不知道这事（自我表露法）。

父亲：我也觉得你不知道。否则我就不会告诉你了。康妮现在没事儿了，不过她确实有点歇斯底里。这也是你不能跟她离婚的一个原因。要是你走了，孩子们怎么办呢?

保罗：是不知道怎么办。我想，康妮和我得一起去跟律师谈谈才行（自我表露法和可行折中法）。

父亲：你绝对得不到监护权的。喝得烂醉，还拿蛋糕砸她，你是得不到监护权的。

保罗：也许吧，不过我的律师会想出办法来的（迷惑法和可行折中法）。

父亲：瞧，儿子。到现在为止，我们一直说的都是废话。相信我。离婚是不对的！你不会想离婚的！你会大错特错的！

保罗：也许我会犯错吧，不过离婚哪里不对呢（迷惑法和否定询问法）?

父亲：不该让孩子们来承受这个。

保罗：让他们面对现实，面对像离婚这样的事，又有哪一点不好呢（否定询问法）?

父亲：这会让他们对生活有不好的看法。

保罗：现实的哪个方面，会给他们留下不好的看法呢（否定询问法）?

父亲：孩子们需要保护。

保罗：我同意您的说法，不过并不完全同意。我不会同您争论，但是我觉得，要是康妮和我每天牢骚不断、打打闹闹，还非得让孩子们一起生活的话，这带给他们的伤害，肯定比离婚要大（迷惑法和否定决断法）。

父亲：你不会想这样对待孩子的。

保罗：我不想，但我跟康妮已经结束了（迷惑法和“我是一张坏唱片”法）。

父亲：那你打算怎样替孩子们打算呢？

保罗：我还不知道。不过我会有行动的（自我表露法）。

父亲：要是你离婚，你知道这会给妈妈带来多大的打击吗？

保罗：不知道，不过我猜她是不会高兴的（自我表露法）。

父亲：保罗。你妈妈跟我都已经为了你和康妮放弃了很多的东西。尤其是为了我们的孙子。别这样干，这会让我们的辛苦毫无意义。

保罗：您跟妈妈已经为我做了很多，爸爸。我很感激，因为这让我知道您二位都很在意我（迷惑法）。

父亲：那是做父母的责任啊，儿子。看到事情不对，就帮忙解决。现在我想做的就是这样。

保罗：我相信您是那样认为的，爸爸。不过现在我所做的，就是我觉得最好的办法，就算您和妈妈对我的这种做法感到不舒服（迷惑法和否定决断法）。

父亲：好吧，我都试过了。我知道你妈妈会受到什么样的打击。会糟糕透顶的，我觉得。

保罗：我不知道，不过您也许说得对。我还想跟您谈谈别的（否定决断法和迷惑法）。

父亲：什么事？

保罗：就是那家商店的事儿。我打算把店卖了，把您投的钱还给您（自我表露法）。

父亲：费了老大的劲儿才把商店开起来，为什么要那样干呢？现在店子很赚钱呀。你没必要还我钱。

保罗：您说得对，我知道没必要还您的钱，不过我想还，这一点对我来说很重要（迷惑法和自我表露法）。

父亲：这真是我听你说过的最傻最傻的话！我们所有的一切，反正都会是你和孩子们的。

保罗：我百分之百同意您的话。这样做很傻，也没有意义，可我总是有不舒服的感觉，觉得自己是在给您打工，而不是给自己打工（否定决断法和自我表露法）。

父亲：你那样想，真是太不可理喻了。在如何经营店这方面，我可从来没有指手画脚呀。难怪你需要去看精神科医生呢。

保罗：是不可理喻，可我就是那样想的。您从来没有给过我压力，让我如何去经营生意，不过我总有那种感觉，就是您很担心我在生意上会出洋相，让您的钱打了水漂（否定决断法、迷惑法和“我是一张坏唱片”法）。

父亲：就算你干得不成功，不也就那么回事儿吗。把钱给了你，妈妈和我都很高兴。

保罗：对于我能不能经营好，您确信自己就没有过怀疑吗（否定询问法）？

父亲：（自卫地）也许有一点儿，不过你曾经破产过，还做过其他一些事，我又能期望什么呢？

保罗：您说得非常中肯。以前我确实搞得一塌糊涂，所以您才有这种感觉，我是不会怪您的。不过自从您出钱让我摆脱了困境，我就觉得，自己总是必须跟您商量，确保我做的事情没有问题才行（否定决断法和自我表露法）。

父亲：（反对）可是……

保罗：（打断父亲的话）我知道您要说什么，我也赞同您的话。那样想是很愚蠢，可我就是那样想的！说这是精神障碍吧，我打算去进行心理治疗，不过与此同时，我还想有所改变，这样我就不会觉得自己像个小男孩，事事都得找爸爸商量了（否定决断法和自我表露法）。

父亲：（沉默了一会儿，若有所思地看着保罗）我可从来没想过，帮你渡过难关竟然是坏事啊。

保罗：（静静地看着父亲）我觉得不是坏事。我很感激您一直努力帮我，可这让我觉得自己很无能。也许过去我确实无能，也许现在我还是，但不管是不是，我都不想再有那种感受了（迷惑法、自我表露法、否定决断法和自我表露法）。

父亲：要是你坚决那样认为，何不每次还一点儿给我，而不把店卖掉呢？

保罗：对于我要卖店这事儿，你担心的是什么呢（否定询问法）？

父亲：知道你有一份稳定的收入，会让我安心的。要是我出点什么事，不能再工作的话，我也心中有数，知道可以指望你来帮你妈妈和我渡过难关。过不了太久我就退休了，退休后，也许我可以去那里帮你干活，让自己有点事做。

保罗：爸爸。要是您真碰上什么难事儿，我会尽力来帮您的（一时说不出话）。我说这样的话，听起来有点儿奇怪吧。我来帮您摆脱困境（沉默了一会儿）。要不这样如何？我们签一个按揭票据，用那店抵押我欠您的钱。您到银行开个户头，我定期将还款和利息打到您的账户上。那样我的感觉就会好多了（可行折中法）。

父亲：可是离婚时，你跟康妮的财产处置问题怎么办呢？

保罗：律师会想办法的。她会得到一定比例的利润。

父亲：你不会非得把店卖掉，给她一半钱来了结吧？

保罗：我们会想出办法，不让这种事发生的。

父亲：那我就没什么问题了。

保罗：好吧，不过还有一件事。说到店子，即便您退休后去那儿干活，我还是老板！同意不？

父亲：（伸出手来，握住保罗的手）同意！

我觉得，尽管保罗在这次对话中实现了很多愿望，但他跟父亲相处时，仍然存在着问题。保罗跟父亲的关系让我感动。我为保罗感到悲哀，因为他跟父亲竟然是那样一种关系；我也为他的父亲感到悲哀，这位父亲可能已经置身于许多忧虑之外，但他却用儿子的一生，来应对这些忧虑。正是因为感动，所以我犯了一个根本性过错：反向移情。这种过失是治疗师的典型过失——我过于同情患者的问题了。更糟的是，在下面这段对话中，我竟然把自己的感受告诉了保罗。

我：我觉得你干得特别棒，保罗，不过你跟父亲的谈话让我觉得悲哀。你自己有什么感受呢？

保罗：我觉得很沮丧。不是因为离婚，而是因为我跟父亲。

我：你搞清楚原因了吗？

保罗：既清楚，又不清楚。起初我觉得很不错，可以随心所欲了。接下来，我却对他生气得要命。后来，我只是觉得不快乐。

我：就是冲突后的那种沮丧吗？

保罗：不是。我觉得他做事一向都很有把握。当他跟我说，假如出了什么事，想要我帮着赡养他的时候，我直想哭。

我：你知道是为什么吗？

保罗：不知道。

我：你想冒冒险吗？要是试着去找出原因，你可能会受到伤害的。

保罗：为什么不呢？

我：你觉得父亲为什么就是不承认，你很不幸福，因而想要离婚这样一个事实呢？

保罗：我不知道。我自己一直在思考。他以前从来没有承认过。

我：假如他只是这样说：“我希望你跟康妮能有个圆满的结局，不过你要是觉得做不到，那就照你想好的去做吧。我为你感到遗憾。要是我帮得上什么，就告诉我吧。”又要他付出什么呢？

保罗：我不知道。他要是这样说过就好了。

我：他说了什么，就让你想哭呢？

保罗：就是他说想要我帮他的时候。

我：他以前说过那样的话吗？

保罗：没有，那是第一次。

我：那就让你觉得想哭？

保罗：现在想到，我还是想哭。

我：你想要我不再谈起这个吗？

保罗：不想。

我：他为什么担心你卖店呢？

保罗：（不自在地看着我）

我：你心里是不是有预感呢？

保罗：是的，不过我不想考虑。

我：你知道一把锤子击中硬钢时发出的那种声音吗？就是那种清脆的声音？

保罗：知道。

我：你的预感是不是也跟这种声音很像呢？像锤子击中钢铁那样，一种坚硬、清脆的声音？

保罗：我想是的。

我：那就说出来。父亲为什么担心你卖店呢？

保罗：他自始至终都指望着我，要是他出了什么事，就要我来帮他摆脱困境。

我：他以前跟你说过这些吗？

保罗：没有，从来没有。

我：你知道他为什么从来都不说吗？

保罗：不知道。

我：为什么他不承认你处在困境之中、想要离婚这个事实呢？

保罗：要是我跟康妮离婚，就会把家里搞得一团糟，他就指望不上我了。

我：怎么会把家里搞得一团糟呢？

保罗：我可能会离开家，到别的地方去生活。那样他就指望不上我了。

我：你离开家之前，首先必须干什么呢？

保罗：卖掉店。

我：那什么地方会让他担心呢？

保罗：万一他无法工作，退了休，我和这家赚钱的店就是他的保险单呀。

我：你觉得，每当你遇到困难，他为什么总帮你摆脱困境，事事都替你做，而没有让你像我们其他人一样，自己经受挫折并从中吸取教训呢？

保罗：我是他的保险单，他帮我摆脱困境，实际上是在交保险费。我欠他的情！那个王八蛋！这些年他一直都在这样干。

我：你认为父亲是个卑鄙自私的人吗？

保罗：不是。

我：那你为什么要骂他是王八蛋呢？

保罗：因为他利用了我！我两次想离婚，可他都因为自己的问题而拦住我。

我：那么，他说要你帮助的时候，你为什么想哭呢？

保罗：他说他很担心，不知道退休后会怎样。

我：是因为他是个王八蛋，还是因为他很担心，才来操控你呢？

保罗：我从来没有像他那样担心过我的将来。我是搞砸了很多事，不过我还从来没有担心过，自己老了会怎么样。

我：你现在明白他为什么操控你了吗？

保罗：是的。我不想明白，但我知道是为什么。

我：那你现在也明白，我为什么替你父亲感到悲哀了吧？

保罗：我对这种情况也感到悲哀。那个可怜的混蛋。

我：你还觉得自己是一个小男孩，需要父亲时时照管吗？

保罗：不觉得了。

我：倘若你觉得他在查验你，知道该怎样说了吗？

保罗：我想是的。

我：比如说呢？

保罗：爸爸。别再担心了。我能处理好。

我：现在你还觉得不高兴吗？

保罗：是的。

我：现实有时是会令人不快的。

保罗：对我来说，确实是这样。

我：（用傲慢的口吻）你愿意选择哪一种：是不快乐地受父亲摆布，还是不快乐地掌控自己的生活，并且能将自己所想之事加以改变呢？

保罗：（嘲讽地）您觉得呢？

我：（非常严肃地）希望你已经学会我教你的所有方法。

保罗：您的口气变得像我的父亲了。

我：（微笑）你学得真快。我还可以提点儿建议吗？

保罗：当然可以。

我：不要让任何人，也包括我，来替你做决定。

在下面这组日常生活的例子中，你可以看到，有些人是怎样强势地在男女婚恋这种关系中，来应对别人的操控的。

对话30. 丹娜和贝丝应对性伴侣的操控——综合运用强势技巧

在这组对话中，丹娜和贝丝这两位年轻的女性，成功地应对了她们自己的复杂感受：这种感受，是关于性和婚姻两个方面的。

在第二段对话中，一位心理学家为涉世不深的小女生做出示范，告诉她们，当对方带有操控性地想说服她们上床的时候，怎样强势而带有同理心地说“不”。

丹娜是一名27岁的采购员。她是一个聪明的女青年，从容貌和身材上来看，既不能说漂亮，也不能说平庸，只能说她并不迷人。丹娜是这样描述她的异性约会观的：一个单身女性，需要凭借自己的人格素质，积极主动地吸引单身男子约会，而不是被动地、只凭身材和长相来吸引男人。

你或许能猜到，有多少个夜晚，丹娜都是孤身一人或“自掏腰包”[a]，在单身酒吧里度过的。在接受自主治疗期间，丹娜说起一种情况，对她来说

a 自掏腰包：Dutch treat。各付己账，英国人认为荷兰人（Dutch）吝啬，好请客吃饭（treat），却常常让客人自己付账。相当于我们所说的“AA制”。

这并不寻常，还大大增强了她的自信心和自尊感。

之前，她碰到了一个男子，让她动了情。男子叫约翰，她喜欢他的细心、聪明，也喜欢他的外貌。由于缺乏自信，因此第一次约会，丹娜就跟他上了床（他们是在单身酒吧相遇的）。后来她说，那时她并不想跟他发生关系。这次上床，虽然没有让丹娜产生内疚，却让她很不舒服，原因是，她竟然跟一个几乎素不相识的人发生了关系。尽管她的性伴侣似乎觉得那一晚很美妙，可丹娜却没有享受到快感。

许多单身女性都认为，在约会时发生性关系，是她们跟男性交往的入场券，丹娜也认同这一点，她们是为了摆脱孤单而付出代价，而不是在分享性爱，分享那种既让人兴奋、又让人柔情满怀的性爱。对丹娜来说，她那样做，是受到了过去那种操控性观念的现代变体的影响。

如今有性解放作为后盾，人们常说“大家都那样”“女人若是不开放，定是心理有问题”“如果不那样，就没人肯跟她约会了”……这些关于性的新说法，跟许多操控性话语一样，没有太多道理可言。在对不同年龄、境遇的女性（单身、离婚、寡居）进行临床治疗的过程中，我注意到一些人会把这些（跟新的性期望相关的结构化观念）当作借口，不去参与其他更有意义的活动，这些活动本可以让她们更成熟些，让她们不仅仅凭“性”来吸引男人。

一开始就以性交为基础建立的关系，不过是一种“卑鄙手段”罢了，很容易就能做到。问题是，这种关系难以长久。许多人都想要一种“即刻”的亲密关系，而要建立起这样的关系，不但速度很缓慢，有时甚至还很痛苦。对于过程中会出现的疑虑和不确定心理，以及需要付出的努力，他们都不想去经历。

丹娜认识到，她那时正是处在这样的状态中，于是，她便转移目标，试着与别的男人交往。再次跟约翰偶遇时，通过运用自主性语言技能，她应对得非常不错。

对话场景：丹娜和多年未见的老朋友简坐在一起，兴奋地叙着旧。地点是雷东多海滩[a]边的一家单身酒吧，丹娜以前经常光顾。这时，约翰走进来，看见了丹娜，便走过来，隔着桌子俯身跟她们交谈。

约翰：嗨，丹娜，你好呀。

丹娜：嗨，我很好。你呢？

约翰：（直勾勾地看着简）好啊。你的这位漂亮朋友是谁？以前没见过面吧？

丹娜：（对简说）简，这是约翰。（对约翰说）简是我的一位老朋友，多年没见了。几分钟前，我们才偶然遇上。

简：很高兴见到你，约翰。

约翰：（没有特别针对谁）我有个好主意。咱们可以喝上几杯，稍后我再叫个朋友来一起玩。

丹娜：（并未跟简商量）那太好了，约翰。不过我只想跟简坐着说会儿话（迷惑法和“我是一张坏唱片”法）。

约翰：我说的那个朋友很不错，简可能会非常高兴见他的。

丹娜：我明白你的想法，不过我只想单独跟简说会儿话。过后再说（自我表露法、“我是一张坏唱片”法和可行折中法）。

约翰：上次咱们的气氛多好啊，丹娜。我相信简能理解，你俩也可以稍后再聊呀。

a　雷东多海滩：Redondo Beach。位于美国加利福尼亚州洛杉矶县，是一处有名的度假胜地。

丹娜:(微笑)你还记得,那真是太好了。我也明白你的感受,不过我只想坐着跟简说会儿话(自我表露法和“我是一张坏唱片”法)。

约翰:丹娜,你不会以为,我会任凭你们这两只让我神魂颠倒的可爱小狐狸独自坐着吧!

丹娜:我理解你的感受,约翰,不过我只想单独跟简坐一会儿(自我表露法和“我是一张坏唱片”法)。

约翰:可这儿这么大,除了你们俩,没人值得我去跟他们待在一起呀。难道你想让我整晚都不开心吗?难道你会不给一个渴得要命的人施舍一杯水?

丹娜:你也许说得对,不过我还是想跟简说会儿话(迷惑法和“我是一张坏唱片”法)。

约翰:上次那么尽兴,我一直都希望再碰到你呢。

丹娜:(笑,开始自得其乐)我明白你的感受,可我只想跟简说说话。不过,还是告诉你吧。周五晚上我没什么事儿。我们何不那时再聚呢(自我表露法、“我是一张坏唱片”法和可行折中法)?

约翰:(惊讶)哦?……好吧……在这里?

丹娜:先吃晚饭,然后到这里或别的地方去,怎么样?

约翰:好的。我7点来接你,行不?

丹娜:你可以在周五前的上班时间给我打电话,我们再具体安排,好吗(把自己的工作电话写在餐巾纸上)?

约翰:好吧……

简:很高兴见到你,约翰。回见。

丹娜很高兴,因为她在性伴侣面前,能够坚持自己的独立性,不带敌意,也没有因为上次被引诱上床而去责怪他。丹娜不但能应对约翰的“殷勤”，而且还强势地跟约翰重新协商一些基本原则，以此作为未来关系的基础。

下面是我和丹娜的对话。

我：为什么要他在上班时间给你打电话呢？

丹娜：我想让我们能够定期地约会，而不是去酒吧见他，跟他喝酒。

我：所以呢？

丹娜：所以，我就要他给我打电话。让他付出努力。也好让我有所改变。

我：后来怎样了呢？

丹娜：他在星期四下午给我打电话，您猜他怎么说："你还是想明天出去吃晚餐吗？"

我：然后呢？

丹娜：然后我说"是的"，我们就安排了一下。他问我有没有偏爱的饭店，我说不喜欢奇森饭店和弗拉斯卡蒂饭店，因为都太贵了。

我：(微笑)而他长吁一口气，放下心来了！

丹娜：没有。他很直截了当，说想去峡谷里他喜欢的一家饭店。我答应了。

我：然后呢？

丹娜：然后我们就去了。我真的喜欢跟他在一起。

我：然后呢？

丹娜：然后我们就只是喝酒、聊天。

我：后来呢？

丹娜：后来什么也没有了！彼得，您可真是一根筋。

我：你也许说得对，丹娜。不过后来怎么样了呢？又是上次的翻版吗？

丹娜：没有。晚饭后我对约翰说，我非常喜欢他，不过上次上床，只是我以为，要是我不那样，他就不会对我有兴趣。还有，我并不喜欢那样做。

我：他又是怎样理解的呢？

丹娜：他可一点都不烦恼。他说，很抱歉上次我没有尽兴。

我：所以呢？

丹娜：所以我就跟他说，虽然我们一起有过男欢女爱，可对于跟他交往，我心里还是一点儿底都没有……可能是因为我太喜欢他了。

我：是用你最完美的否定决断态度跟他说的？

丹娜：是的。

我：后来又跟他约会了吗？

丹娜：他说很快会再给我打电话。

我：那是什么意思？是他也喜欢你……还是一种拒绝呢？

丹娜：我不知道。这取决于他。假如他下个星期没打电话，我就会给他打，提议去吃午餐，看看结果会怎样。

我：对整件事情，你有什么样的感受呢？

丹娜：相当不错。

我：即便是没有用你的身体牢牢锁住他，也是这样吗？

丹娜：像约翰这种人，只要他想，就能随时跟人上床。我可不想在这方面跟别的女人竞争。假如他对我有兴趣，想继续保持关系，我就觉得心满意足了。

据最新报告称，丹娜跟约翰仍在不时见面，同时，她也跟别的男人约会，对于自己变成了一个强势的、有选择能力的性伴侣这一角色，她感觉到更加自在舒服了。她不再觉得，自己就是案板上的一块肉，任人讨价还价、廉价购买了。

丹娜通过交流，把自己的问题告诉了约翰，而约翰则支持了她，让她能应对自己的复杂感受。假如约翰不是约翰，而是另一个不太成熟、对自己的男性魅力没什么把握的男人，那么，他可能会无视丹娜的要求。这种要求，是从“性”以外的方面来探索双方的关系，比如双方共同的兴趣、才智、个性、目标以及好恶等。倘若对自己的吸引力不自信，约翰可能就会通过言语，试图操控（引诱）丹娜再次上床，而不会理睬她的感受。即使如此，丹娜还是可以强势地应对这种“性操控”，她所采用的这种方式，曾由阿伦·汉斯博士在心理学入门课上，向加州大学洛杉矶分校的数百名女生演示过。

阿伦·汉斯博士是我的同事和朋友，还是我原先的一名研究生，在加州大学洛杉矶分校心理诊疗系，我曾对他进行过系统性的强势技能培训。汉斯当时还在申请博士学位，他跟招募来的一位可爱的女研究生四处跑，到一些大型心理课堂，给那些少有或全无性经验的小女生讲课，展示怎样向一名诱使她们上床的人说“不”，这些性操控手段，从伤心、自责、内疚这样的伎俩，到让人产生无知感的言语或责怪，五花八门。

汉斯博士指出，大多数男性并不会一心一意只想跟女人上床，但他认为，就算遇到了一种极端的情况（比如一位气急败坏的男性，向约会对象大发雷霆），也可以运用自主技能来应对。

下面这段对话就属于这种情形，由我的同事苏珊·列维恩女士和我本人演练。对话中，我所使用的操控伎俩，跟汉斯博士示范的很相似。应对操控伎俩的话语，则由列维恩女士选编，目的是通过综合运用技能，来应对一位外表英俊却很讨厌的爱情骗子。

对话场景：苏珊跟我坐在教室前的一张桌子上，桌子模拟的是她家客厅的长沙发。我们约会完、看过电影后，刚刚回到她家，她邀我进去喝一杯。喝了几口酒后，我侧身去吻她，可她躲开了。

我：怎么啦？

苏：（温和地笑了笑）今晚我可不想亲热。

我：可我觉得，今晚的感觉真的很好啊。

苏：你说得对。我今晚确实过得很愉快（迷惑法）。

我：那你是怎么啦？

苏：我不明白。今晚我不想亲热，有什么地方不对吗（否定询问法）？

我：为什么不想呢？我以为你很喜欢我呢。

苏：我确实喜欢你，但我还没准备好今晚就跟你上床（迷惑法和“我是一张坏唱片”法）。

我：我觉得，那会非常美妙的。

苏：是啊，也许，但今晚我不想跟你上床（迷惑法和“我是一张坏唱片”法）。

我：我觉得，那对于你我来说，都会是极其美妙的体验。

苏：再说一次，你也许说得对，不过我还是不想那样（迷惑法和“我是一张坏唱片”法）。

我：让自己享受享受，这有什么问题呢？

苏：我不知道（迷惑法）。

我：那你为什么不想呢？

苏：我不知道。我今晚就是不想跟你上床（自我表露法和“我是一张坏唱片”法)。

我：我觉得，要是双方关系亲密，并且彼此欣赏的话，这样做是自然而然的。

苏：我不明白。我不想跟你上床，什么地方就不自然了呢（否定询问法）？

我：在床上，咱们会浓情蜜意、水乳交融，可以更好地了解彼此。

苏：咱们是可以那样的。我也想跟你浓情蜜意、水乳交融。不过，要是非得上床才行，那我可不想（迷惑法和可行折中法)。

我：咱们相处得很不错……你我之间的感觉很特别，也很舒服啊。

苏：你说得对。我确实喜欢跟你说话（迷惑法和自我表露法)。

我：想想吧，在床上咱们彼此心中都是浓情蜜意，感觉会更美妙的。

苏：我明白你的感受，可我不想跟你上床（自我表露法和“我是一张坏唱片”法)。

我：我什么地方做得不对吗？

苏：我不想跟你上床，怎么就非得是因为你做得不对呢（否定询问法）？

我：哦，是我让你提不起兴趣吧。

苏:（惊讶地）我可真不明白了。为什么说我不跟你上床，会是因为你让我提不起兴趣呢（我表露法和否定询问法）？

我：我以为你喜欢我呢。

苏：我的确喜欢你，不过今晚我不想跟你上床（迷惑法和“我是一张坏唱片”法)。

我：你喜欢我到什么程度呢？

苏：我还真不知道呢（自我表露法)。

我：要是你真的在乎我的感受，你就会愿意跟我上床的（注：这是可能用到的最最卑鄙的一招）。

苏：你也许说得对，要是我更在意你一些，我会跟你上床的（迷惑法和“我是一张坏唱片”法）。

我：我可真孤单啊……

苏：（只是静静地微笑）

我：你并不在乎我的感情。是不是你有什么问题呢？

苏：我的问题可多了（否定决断法）。

我：你在性这方面是不是有障碍？很多姑娘都有的。

苏：我相信她们有。我的什么表现，让你觉得我在性这方面有障碍呢（迷惑法和否定询问法）？

我：看上去，你心里似乎对上床有障碍呀。

苏：我相信看上去是那样的（迷惑法）。

我：你要是有这方面的心理障碍，我可以帮助你克服呀。

苏：也许吧，不过我不想和你上床（迷惑法和“我是一张坏唱片”法）。

我：有些人口口声声在意别人，似乎你也是这种口是心非的人啊。

苏：你也许说得对，有时我的确会给人不诚实的印象（迷惑法和否定决断法）。

我：整个晚上，咱们谈论的都是大多数人在彼此相处的时候有多么肤浅。他们对一些有意义的事不感兴趣。我想要咱们相互了解，让咱们的感情达到一个更有意义的层次，可你却在逃避。

苏：我可能是在逃避吧（迷惑法）。

我：你是不是跟其他男人都玩这种把戏呢？

苏：我不明白（自我表露法）。

我：我觉得你在哄骗我。

苏：我怎么哄骗你了（否定询问法）？

我：我觉得今晚你骗我骗得够多了……先是气氛很好，好像真的欣赏我，接着又让我到你的公寓里来。

苏：（丝毫不带嘲讽口气）显然，我让你到公寓里来，让你会错了意。我太傻了（否定决断法）。

我：像你这样的姑娘，人们给她们还起了个名字呢。

苏：叫什么（否定询问法）？

我：风情挑逗女。

苏：（走向门口，打开门，站在门外）我做得不对，不该邀请你来这儿。请你走吧。

虽然这段对话示范的是一种最糟糕的极端情况，但可以看出，这位男性伴侣，要是早一点听到了对方强势的“不”，可能就会再约她一次，看她是不是改变了想法。在示范中，我们没有采用讨好、引诱的伎俩，诸如：“我觉得我爱你。”“你让我这样兴奋，我都没法好好想你了。”“你的笑容和性格都这样性感。”“你和你的身体都这么迷人，一想到抚摸你，我的手就会颤抖！”……当然，这样的讨好都是一些放肆的废话，是刺激和挑逗性欲的语言前戏，此时，双方都应当已经用语言或生理表明，彼此有了性爱的欲望。

示范过后，我问苏珊，她为什么要走向门口，打开门并站在外面。她转过身，面向参加研讨会的人回答：“看看咱们身材的差距吧。在那种时候，怎样做才会更加有利于我呢——搏斗，还是逃避？”

下面一段对话涉及的并非只是性关系和约会，而是求婚。

贝丝是一位自信的年轻女性，一位年轻男子特德向她求婚。贝丝觉得自己爱他，但能否把他当作终身伴侣，她却仍然心存疑虑、有所保留。在培训中，贝丝把特德的求婚过程以及协商的可行折中办法，都告诉了我。下面这段对话，就是贝丝跟特德在数周中进行多次交流的简缩版。

对话场景：一个炎热的周六下午，贝丝坐在特德家中的客厅里。特德走出厨房，手里拿着葡萄酒、碎冰块和水果，准备带到游泳池边去。

特德：咱们为什么不先坐一会儿再去游泳呢？我想说说咱俩的事儿。

贝丝：听起来好严肃呀。我做了让你心烦的事了（否定询问法）？

特德：（微笑）还没有。不过，要是你不按我说的去做，你可能就要让我心烦了。

贝丝：说吧。

特德：你是我见过最可爱、最令人兴奋的女孩儿，贝丝。我觉得，你对我也有那种感觉吧。你有多爱我呢？

贝丝：很爱很爱！

特德：爱到足以嫁给我的程度吗？

贝丝：我不知道（自我表露法）。

特德：为什么不知道呢？咱们交往都快一年了。那么久，你应当想清楚了。

贝丝：也许吧，可我实在不知道呀（迷惑法和“我是一张坏唱片”法）。

特德：咱们相处得很好，不是吗？

贝丝：当然啦，可是偶尔地相处和约会，跟婚后一天到晚待在一起可不一样。至少在我看来不一样，而这正是让我担心的（迷惑法和自我表露法）。

特德：不试一试又怎么会知道呢？否则，咱们可能一直都要约会下去呢。

贝丝：是的，可我不明白。只约会不结婚，有什么不对呢（迷惑法和否定询问法）？

特德：没什么不对。我只是想跟你结婚，仅此而已。

贝丝：是不是因为我跟你还没结婚就同居，让你觉得心烦（否定询问法）？

特德：不，真的不是。只是我越想这个，就越想跟你结婚。

贝丝：特德，你这样说，我真的很高兴，我也觉得这是你表达爱意的一种特棒的方式。不过我仍然觉得你有点不太高兴。你确定，咱们现在这样，没什么让你觉得心烦吗（自我表露法和否定询问法）？

特德：反正只是约会的话，我心里可没什么底。要是结婚了，有你那么爱我，感觉就好多了。

贝丝：我不明白。听上去你是在说，我还不够在乎你，才不愿嫁给你，是这个让你感到不安，对吗（否定询问法）？

特德：这让我焦躁不安。

贝丝：你是不是不想再提这些关于咱俩的问题（否定询问法）？

特德：不是的。

贝丝：好吧。有件事也在困扰我。我觉得，游泳的时候，你很嫉妒那些跟我搭讪的男人。我说得对吗（自我表露法）？

特德:（自我保护地）我为什么要嫉妒呀?

贝丝：我可不知道为什么。你是不是呢（自我表露法）？

特德：只有一点点啦，可是，你跟他们那样交往，用那样的语气跟他们说话，你怎么想的呢?

贝丝：你说得对，特德，我是有点不够庄重，不过我就是这样。就算我们结婚，这一点也不会改变的（迷惑法和否定决断法）。

特德：（沉默，似乎有点儿伤心）

贝丝：要是我们结婚，你还会嫉妒的，因为我喜欢跟人打情骂俏，我的性格就是这样。不过，这可不是说我很想跟他们上床呀（否定询问法和自我表露法）。

特德：我怎么才能知道呢？

贝丝：我可不晓得。我想，对你，我得下定决心才行，尽管这种方法也很傻（自我表露法和否定决断法）。

特德：（带着点已成定局的口气）所以你就不想嫁给我了。

贝丝：我不知道（自我表露法）。

特德：（嘲讽地）你觉得要多久你才知道呢？

贝丝：我也不晓得（自我表露法）。

特德：那我怎么办？我这么爱你，我可不想你推三阻四。不过，我也不想继续因为你在不在乎我这个问题而烦躁。

贝丝：咱们为什么不同居呢（可行折中法）？

特德：那跟现在有什么两样？这算是什么解决办法？现在咱们差不多就是同居呀。

贝丝：差不多是的，不过我觉得会有所不同的。现在这样，咱俩都很自由，可同居后，彼此就都有义务了（迷惑法和自我表露法）。

特德：咱们不能同居。

贝丝：我可不明白了。同居有什么问题呢（否定询问法）？

特德：邻居要是发现了怎么办？

贝丝：邻居发现就发现，你心烦什么呢（否定询问法）？

特德：我想也没什么心烦的。很可能，他们有些也没结婚呢。

贝丝：好吧。咱们可以找套新公寓，要是你想到没有熟人的地方去的话（可行折中法）。

特德：不想，我还是愿意住这儿。

贝丝：下周末我就把东西搬来吧。事情可多了。

特德：我怎么跟我爸爸妈妈说呢？

贝丝：咱们不告诉他们，又有什么要紧呢（否定询问法）？

特德：他们会发现的。

贝丝：那就到时再说呀。你妈妈和我相处得也不错。你是想用我的那张铜床呢，还是用你的双人床（可行折中法）？

实际上，特德的操控心理比对话中的要更厉害，贝丝跟特德花了数周进行交流，才达成同居的折中方案，其目的是要看一看，他们是不是真的合适一起生活。结果表明，贝丝的疑虑成真了。同居6个月之后，特德跟贝丝决定分手，各走各的路。从对话中特德的回应，你可能已经猜到，他们分手时很友好，因为性格上有着分歧，这才分道扬镳——在同居期间，这种分歧变得越来越难以调和了。

从一开始，贝丝就循着自己内心的感觉和想法，然后强势地付诸行动，从而避免了一场麻烦的情感和法律纠葛。贝丝的感觉中，有一部分是对特德求婚时带有的一些隐性动机的疑虑，这些隐性动机是，他以为结婚后，就有“权利”不让贝丝再跟别的男人打情骂俏了。贝丝打情骂俏的行为，激发了特德的自我怀疑，使他疑虑自己没有魅力，疑虑自己能否在性生活上一直吸引贝丝。

在后面的对话中，你还可以看到，一些学员是怎样应对伴侣的这些隐性动机的，看他们怎样强势地鼓励伴侣，让伴侣把对自己、对亲密关系所存有的不安之情，明明白白地摆到桌面上，然后再找出解决办法。

Chapter 11

夫妻、情侣关系——巧妙运用强势，促进性爱和谐

当学员们变得强势起来，不再是新手，并在培训班和日常生活中经历了大量练习，能够运用好技能之后，我就会让他们注意上一段对话中贝丝间接提到的许多问题，如果日复一日地与另一个人生活在一起，我们都得去应对这些问题。

我让他们从某些情形开始练习，这样他们可以学会如何面对真正重要的人，面对最在意的人，面对那些我们认为其意见确实重要的人（即伴侣、恋人、妻子和丈夫）。为了加快在这种最重要的平等关系中的学习速度，我建议他们，从一种特殊的行为领域开始练习，这个领域有着一种内在的、生理心理学的特性，能激发大家的注意力和兴趣——那就是性!

我让学员从练习用语言果敢地坚持自己的性需求或性幻想开始，因为性事确实能引发大多数人的强烈兴趣。第一次在班上说起性障碍的根源，以及强势如何有助于解决这些问题的时候，我会时不时地停下来观察学员的反应。大家都在紧盯着我，气氛非常安静，几乎听得见他们的呼吸声。

由于人类与生俱来的思维方式和心理生理学特点，我们不可能在担心一件事的同时，又被它深深吸引。要是我们有哪一种始祖近亲，能够同时实现这一壮举的话，估计他也早就灭绝了。当美丽的剑齿虎迎面扑来，哪里还有人能镇定自若地站着呢……那些可怜的人，吃了不少苦头才明白，他们的兴趣——还有许多其他的美好情感——为什么会被自己的恐惧所战胜。

强烈的恐惧感，足以颠覆你的兴趣，同样，强烈的兴趣和好感，也可以淹没你的某些焦虑感。

亲密关系是人们经历焦虑感最多的一种关系。所以，我让学员们首先练习处理这种关系，目的是试着给他们带来优势，为他们创造出有利的可能性，让他们将来应对这种焦虑时，能够占据一点上风。

通过跟性有关的内容练习，还有第二个好处：学员可以得知，他是否能心安理得地应对令人尴尬的个人需求（不考虑“性解放”）。我所遵循的教学模式，是讨论性行为、性需求、性障碍，以及性和强势之间的关系。我会先让他们练习在性这个方面变得强势起来，当他们能平静如常地表达自己的性需求之后，我就让他们改变主题，就婚姻中最普遍的矛盾冲突来练习在同伴面前坚持自己的权利。比如找工作、打发闲暇时间、照料孩子、使用家中钱款、购买新房等等。

当学员们在练习全方位应对配偶的过程中，感觉更加自在了，我就会建议他们，回到性和强势这个方面，让他们自己去检验消极的操控行为、婚姻矛盾应对不当以及性障碍等问题之间的联系。

在最后一种课堂练习中，我建议他们强势地去应对一名疑心很重、性生活有障碍的配偶，帮助配偶克服这些问题。在下面的讨论中你可以看到，许多的性问题，根源其实都在于性伴侣采取的种种消极被动或带有操控性的行为模式。

畏惧和怒火：引发性障碍的情感根源

我们最亲密、最有意义的沟通方式之一，就是与喜欢的人分享性。这对于身心健康、对于良好的自我感觉来说，都很重要。但作为一种爱的表现，性爱的沟通却很特别。虽然性只是你跟配偶之间沟通的环节之一（从根本上来说，这是一种原始行为，并且也是一种无意识行为），它跟其他环节却很不一样。

性关系破裂，不仅对性关系本身来说是一种损失，还可能使那些与性无关的问题复杂化。倘若因为外部压力或性问题，而使得亲密的性行为经常中断，那么你跟配偶可能就会失去一种独特而私密的沟通方式。

人类一直因为自己在智力上取得的成就而自豪，其实很多矛盾都不是靠智力，而是通过令人满意的性爱才解决的。我个人以为，这些在夜间性爱中协商而得的成果，要远远超过梅特涅[a]、基辛格[b]和张伯伦[c]之流——那些为人类带来“我们这个时代的和平”的大人物——所取得的成就。可惜，属于平等关系的许多夫妻，都不会利用这一自然的、能够减少焦虑感的发泄方式，这种方式，会让夫妻形成亲密的氛围，从而有助于双方达成真正的、共同的折中办法，来解决矛盾。

我本人，还有在临床中研究过性功能的同事都发现，很多与性爱障碍

---

a　梅特涅：Klemens Wenzel von Metternich（1773~1859）。十九世纪杰出的奥地利政治家和外交家，历任奥地利帝国外交大臣和首相。

b　基辛格：Henry Alfred Kissinger（1923~）。美国著名外交家、国际问题专家和前国务卿。作为一位现实政治的支持者，基辛格在1969年到1977年之间的美国外交政策中发挥了中心作用，并在中美建交中扮演了重要角色。

c　张伯伦：Arthur Neville Chamberlain（1869~1940）。英国政治家，1937年到1940年任英国首相。他由于在第二次世界大战前夕对希特勒纳粹德国实行“绥靖政策”，而倍受世人谴责。

相关的事情，可以使一种亲密、平等关系中的其他问题复杂化。为了理解不自信和性爱障碍这二者的关系，我们还是先来简单探究一下，在临床中能够分离出来并进行治疗的一些性爱问题的类型，以及 3 种基本的心理治疗模式。

对于性爱问题，治疗师们运用得最多的 3 种基本治疗模式是：焦虑模式、愤怒模式以及结合了前两种模式要素的混合模式。从名称可以看出，我们遇到性问题的时候，那种原始的“害怕—逃避”和“愤怒—攻击”的应对模式，仍在支配着我们所有人。

焦虑模式认为，若是你（或其他任何人）的身体和精神状况良好，却始终有着某种特定的性问题，那么你就是有了习惯性的焦虑反应，或有了习得性的、由妨碍性能力的性刺激所引发的焦虑反应。简单来说，焦虑模式就是：“你不可能一边享受性爱，一边担心像所得税申报表这样的事情！”

假如你是男性，这些特定的性问题就是早泄、举而不坚或阳痿，假如你是女性，那就是阴道痉挛（阴道口不自主收缩，妨碍性交），跟任何男性（或女性）在一起都达不到高潮，而在别的情形下（比如自慰）却经常能达到。医生会认为，这些问题都属于习惯性或无意识、习得的病态性恐惧或畏惧反应（通常称作性爱恐惧症），认为它们跟其他恐惧症都是一样的，比如恐高症或幽闭恐惧症。

跟大多数恐惧症状一样，习得的性爱焦虑反应通常都会有与之相关的创伤史（焦虑性休克）。一些患者在青少年时期因为自慰而受过体罚，心理上产生过负疚感，或在第一次性行为时情绪紧张，或双方都太过心急，没有得到性伴侣的帮助（这种情况很常见）。

在患者自己或性伴侣看来，患者在性事上表现不佳，但性伴侣也没有安慰过病人。在这种时候，患者就会对下一次性事的失败非常敏感，更加焦虑，进而最终让他期待的那种性爱状态彻底没戏（这可真是一个自我实现的预言！）。有些情况下，倘若性伴侣对这种不成功毫无同情之心，只是施加压力的话，患者最初的焦虑感就会更加强烈。性事一次又一次的不成功，到后来几乎任何性刺激都会让患者紧张——这就是有意焦虑的触发性刺激了。

在班上，为了给学员说明性兴奋的无意识生理特点，我从钱包里拿出一张20美元的纸币，对他们说："要是你们当中谁能控制自己的性冲动，控制勃起或让阴道充血的话，我就把这20美元给谁！给你们30秒钟。时间不够？想要1分钟？没问题！"可从来没人拿走这20美元。重要的一点是，意志力——控制自己、让自己性兴奋——并不起作用，充其量它只能让你在其他恐惧情形下，控制住焦虑罢了。

跟其他恐惧症一样，性爱方面习得性的焦虑反应，也可以推广到其他刺激中去，这些刺激都跟性行为有关，并且达到了令人产生逃避反应的程度。产生这种极端的条件反射时，那些不幸的性爱恐惧症患者，可能就会逃避所有的接触，即便这些接触只是跟性伴侣说说话（更别提去约会了！）。

与那些陈腐的所谓专业观点相反，性爱恐惧并不是人格扭曲的表征，也不是什么深层的、隐蔽的乱伦、同性性欲或精神冲突的表征，而是习得的，就像其他恐惧症一样，经过一段时间（几星期到几个月）的行为治疗之后，通常都是可以将它"忘掉"的。

焦虑模式中，所有的诊断指标都表明，患者在心理生理学上无法成功维持性关系，有时发病迅速，与此不同的是，愤怒模式中只有一种清晰地表明性问题存在的指征——那就是在很长一段时间内，与配偶做爱的次数逐渐减少。

虽然愤怒模式中描述说，有性爱问题的夫妻，做爱的频率大多数时候都为零，但这种频率，其实总是在无性爱期和低频性爱期之间反复的。在低频性爱期间，焦虑模式中所描述的性爱问题一个也不存在。虽然常说自己射不出精，但男“患者”并没有阳痿之类的重大障碍，也没有其他导致产生焦虑的问题；一些女“患者”则说，她们“只是躺在那里忍受配偶的动作”，自己完全没有兴趣，有些女性甚至很瞧不起这个，所以总是没有高潮。

愤怒模式认为，导致低频性爱的原因，在于性爱之外。通常来说，性伴侣的一方对于另一方，心中总是怀有许多“隐蔽”的怨愤，怀有很多没有明说的怒气。他或她可能会否认有这样的怒气，甚至还会否认存在性问题这个事实；而另一方则通常很乐意把怒气发泄出来，并且在应对那位“态度消极的”配偶时，还会将对方摆布来摆布去。

在治疗这种问题的临床经历中，我发现，一名配偶总是要么说太累、没心情或头疼，要么说太忙、觉得不舒服，要么说有更重要的事要做，明天得早起上班。这名配偶就是通过逃避性接触，并直接导致性爱频率下降的一方——不是出于恐惧才逃避，而是因为讨厌另一方在日常生活中对待他或她的行为，或有着没说出来的怒气，才这样做的。

在临床中这种问题很常见，而其他治疗师和我本人都观察到一种普遍现象，这就是：那位退缩的配偶，不但会在床上退缩，不愿跟性伴侣亲密接触，而且也不愿跟性伴侣分享其他方方面面的事情。他之所以退缩，原因在于找不到有效的发泄途径，无法让对方得知自己的怒气。

或许更为重要的一点是，在配偶面前，退缩的一方都很不自信，这在我所治疗的临床病例中，无一例外。他似乎无法把自己的喜好对她说出来，不然，就是她能够操控他，让他无法按照意愿行事。此外，他似乎极为缺乏这样一种能力：冷静地跟配偶明说，不喜欢她那样对他。

由于缺乏有效的自主沟通方式，也没有有效的怒火传达方式，他就退缩了。他不愿同配偶进行任何亲近、私密的沟通，就他的担心、希望、欢乐进行交流，因为他预计到，要是她不喜欢听他说的话，那么，她那种令他内疚或焦虑的本领，他是应付不了的。因此，过了一段时间后，对于她的操控，他就会感到越来越愤恨、越来越厌恶，而跟她分享亲密的频率、性爱的频率，也就会随之下降。

对于性障碍，人们普遍接受的疗法涉及两个方面，那就是让退缩的一方，既能在配偶有损他自尊的时候，适当地表达出愤怒之情，还能更强势地坚持自己的权利：他想要的是什么，愿意给予她的是什么，他无法容忍的是什么，以及一起生活时能达成什么样的妥协办法。

1972 年美国心理学会年会期间，我在一场题为“心理治疗新方向”的学术报告会上，第一次介绍我的工作，介绍强势法则的相关概念及其语言技能。对于这种更为可取的性问题疗法，与会者哈罗德·希格尔博士进行了诙谐的评价，并且立即得到了其他与会者的认同：“首先自信，然后挺进[a]。”

性功能障碍的混合模式疗法认为，患者病史中既涉及焦虑因素，也涉及愤怒因素。比如说，一位退缩的配偶可能会被逼做爱，而实际上内心并不想那样，也没有兴趣跟对方亲密沟通，他并没有充分兴奋起来，因而在性交（或前戏）中，他无法保持勃起。假如他不够自信，没有这样说：“我现在实在不想做爱”，就很有可能被配偶说服，起码得做出想跟配偶上床的样子来。没有兴趣，性爱就不会成功，数次之后，操控性的配偶很可能就会传达给他一种强烈的、让他内疚或焦虑的信息。

在有些情形下，配偶的这种操控性做法是在床上完成的，很快也很有效，从而会形成一种体内恐惧反射过程。在平时，配偶可能会用其他方式，表达出她对性生活的不满，有时也可能是无声的抱怨。但不管哪种情形，

a 挺进：insertion。插入，此处显然是指性交。assertion 和 insertion 属于押韵。

“性生活障碍并不出奇”这一信息都传达出来，并且有人接收到了，它让这种“操控—消极”关系中的不如意又增加了一点：在这种关系中，配偶双方对彼此都充满了怨愤之情，只不过一个积极、一个消极罢了。

对既有愤怒因素又有焦虑因素的性功能障碍进行治疗时，下述做法往往是浪费时间：

1. 没有先解决这种“操控—消极”关系中产生的愤怒问题，就对性焦虑进行去条件反射；

2. 不对导致产生焦虑感的性功能障碍进行治疗，仅仅指导夫妻如何有效地共同生活。

倘若只解决一方面的问题，置另一方面于不顾，很可能会出现这种结果：愤怒因素会导致进一步的性功能障碍，或，未加治疗的性焦虑因素会妨碍将来的性生活。这种情形，很可能会重新激起双方因性功能障碍而产生的、理性的怨愤之情，那样的话，不离婚就很难解决了。运用混合模式时，必须同时治疗导致性问题的两方面因素，即来自配偶或针对配偶的怨愤之情，以及针对性能力的焦虑之情。

有些治疗师，比如马斯特博士和沃尔普博士，他们指出，在某些情形下，假如愤怒因素非常明显，如不首先处理，就不可能治愈性焦虑因素。如果不用坦率强势的沟通，来取代隐蔽的操控手段，用消除戒备之心取代隐蔽的怨怼，那么运用混合模式来治疗，是会相当困难的。

强势为什么有助于改变你的性生活

听完了这段开场白，再让我们转到对性事进行自主指导的问题上来。

在亲密关系中，用于解决性问题的强势，与同一关系中用于解决其他问题的强势，从根本上说并无二致。

在指导学员的过程中，我给出了几个实例让他们应对。这些实例，都是其他学员（或患者）以前应对过的性障碍问题，是一些很微妙、有时还很令人尴尬的问题。学员中有些已婚，有些同居，还有一些则是孤身一人（有婚外性行为）。每一对伴侣中，都有一方对性关系不满，另一方则带有操控性或态度消极地抗拒，不肯改变现状。

那些声称对性生活"满意"的性伴侣，都有着隐性的焦虑动机，使他们不愿有所变化。他们可能担心，变化会暴露出自己在性方面的某种"弱点"，比如说不懂性技巧，没法取悦性伴侣等，或害怕对方在性癖好方面得寸进尺：谁知道这些癖好会导致什么状况！他们能满足这些癖好吗？满足癖好又为了什么？要是性伴侣提出过火的要求，比如说三重唱[a]，他们应付得了吗？有其他异性示好的时候，自己的配偶就会搔首弄姿，他们会隐约感觉到内心的嫉妒和不安全感，那么这种"变态的"怪癖，又会带来什么影响呢？这种变化，会不会标志着他们已有的性爱关系结束了呢？

从统计学的角度来看，跟性伴侣一起培养新的性癖好所出现的问题，我在临床治疗和教学中都见过。虽然并不足以说明大众都有这些问题，但下面这些例子还是提供了一些样本，方便学员能够练习，以便更强势地表达性需求。

在描述许多夫妻都无法沟通的那些性需求时，我把问题都集中了起来，放在一个例子中：杰克和姬儿是一对不幸的、疑心很重的恋人，两人对性生活都有诸多不满。跟往常一样，我让学员从最简单的性需求开始，比如说，想把"传教士"式体位变一变，然后，我再给出真实的不满范例，让

a 三重唱：Trio。本义为"三人表演"，此处指三人群交。

他们尽情发挥想象力，进行最出格的情色幻想，以此来锻炼他们。

我之所以建议他们进行练习，是想让他们首先跟关系并不亲密的人，谈论自己的性知识和性需求，以此来为他们提供某种“安全的”、有助于降低焦虑感的社交体验。这一学习过程，让有些学员笑破了肚皮，在这种状态下，他们的焦虑感和压力感便逐渐消失了。

从下面这些对话中可以看出，要求在性爱方面做出改变，并非只跟男人、女人的性欲相关。进行自主语言技能演练时，我让学员把杰克当成不满的那一方，在跟姬儿的性关系中，他想改一改某些方面，但是，姬儿因为自身存在着不安全感，所以带有操控性地抵制。在另一种矛盾情形中，我又让学员把姬儿当成想改变的一方，而把杰克当成是抵制变化的一方。

需要注意的是，在这些亲密、平等交流的对话中，自主语言技能中那些固定的说法，都经过了改编，以适应学员本身的说话风格。

对话 31. 丈夫杰克对妻子说，他们的性生活乏味——寻找双方认可的折中方案

在第一段对话中，杰克和姬儿或是自主者，或是操控者，角色可以互换。比如说，杰克跟姬儿结婚 8 年了，姬儿生了两个孩子。不知怎么，随着一年一年过去，生活中有个方面似乎越来越没有意义，那就是他跟姬儿的性关系。婚后最初那几年，他跟姬儿相处总觉得兴奋不已，可现在这种兴奋感正在消失，变成了平淡乏味。做爱的时候，他想重新找回感觉，可又不知道这种感觉是什么，也不知道怎样才能找到。他有些新的想法不知道怎样尝试，也不知道姬儿是什么态度，会不会接受这些想法。

对话场景：杰克和姬儿做完爱后躺在床上，谈到了性。

杰克：最近我一直在考虑我们的事儿，考虑咱们的性生活，感觉跟以前不一样了。

姬儿：你是什么意思？一直跟以前没两样呀。

杰克：我正是这个意思。一直没两样，但不像以前了。

姬儿：你想说什么？到底是一样呢，还是不一样？

杰克：我实在不知道要说什么。对我来说，没有以前那样兴奋了。也许是因为我们一直都是同样的方式吧（自我表露法）。

姬儿：（恼怒地）你是不是又在办公室里，跟那些人说我们在床上怎么怎么了？

杰克：没有，以前我那样做太傻了，再把那事儿告诉你就更傻了（否定决断法）。

姬儿：上次你这样说，是我们碰到那个新员工的妻子的时候。那个女人除了身体和一对大奶子之外，还有什么呀。她根本就没脑子，可你只知道听他胡诌，说她在床上多棒。

杰克：我必须承认这个。我确实听了他的（迷惑法）。

姬儿：瞧，咱们做爱的方式根本没问题，人人都以为花是墙外的香哩。

杰克：对，是这样的。有时我自己也这么觉得，不过我还是无法摆脱这种想法，要是咱们换个花样试试，那咱俩做爱的时候，就可以享受更多的乐趣。想想咱们刚在一起的时候，多有意思啊（迷惑法和“我是一张坏唱片”法）。

姬儿：你是说在汽车后座上？你都想什么哪？

杰克：你说得对，也许我是有点变态。可我想试一试。我有几个想法。

咱们做爱时，总是我在上面或你在上面。我觉得，要是试试不同体位的话，就会更有意思的（迷惑法和“我是一张坏唱片”法）。

姬儿:（显得稍感兴趣）你有什么想法?

杰克：我觉得，咱俩对性爱懂得都不太多，我们可以学点新的（否定决断法）。

姬儿：你是想买点书一起看吗?

杰克：那个主意也不赖，可我实际上想让咱俩去像马里布山谷的龙骨岭那种地方，看看能不能学到什么（迷惑法和可行折中法）。

姬儿：龙骨岭！那可是裸体主义者居住区，他们那儿性爱自由，放荡无比。天哪！要是我妈妈看见我去那种地方，该怎么办呢?

杰克：是有可能……要是她在那儿，咱们首先就可以问:“爸爸在哪儿呀？”（迷惑法）

姬儿：别傻了。要是跟我共事的姑娘看见我在那儿，又怎么办?

杰克：她们当中是有人可能在那儿……有人看见咱们去马里布学习性爱，又有什么不对呢（迷惑法和否定询问法）？

姬儿：第二天我得面对她呀。

杰克:你是得面对，可是第二天面对她，又有什么让你觉得不安呢（迷惑法和否定询问法）？

姬儿：她会怎么想我呢?

杰克：我可不知道。你会怎么想呢（自我表露法）？

姬儿：她很可能会以为我是个性变态。

杰克:（微笑）就像她那样（否定询问法）？

姬儿：好吧……可要是她跟别人说怎么办?他们又会怎么想?

杰克：她可能会这样做……你得自己去跟他们解决这个问题，不过我还是想去（迷惑法和“我是一张坏唱片”法）。

姬儿：可他们会知道咱们裸体的。

杰克：的确，不过裸体，或有人知道，又有什么让你觉得如此可怕的呢（迷惑法和否定询问法）？

姬儿：其他在马里布的人，都会看到我们的。

杰克:（微笑）是的，不过我还是想去，想学点东西（迷惑法和“我是一张坏唱片”法）。

姬儿：你的意思是说，要是别的男人瞅我，你不会介意？什么都看也不介意?

杰克：我不知道，不过我还是想要咱们一起去（自我表露法和“我是一张坏唱片”法）。

姬儿：我不喜欢。整个想法都让我不舒服。

杰克：好吧……那并不奇怪，可是我要到马里布去这种想法，具体有什么让你觉得不喜欢呢（迷惑法和否定询问法）？

姬儿：我敢打赌，肯定是新来上班的那家伙告诉你龙骨岭的……而你又听了他的。

杰克：你说得对，我确实那样。可是我想要咱们一起去，想提高一下咱们的性生活质量，又怎么会让你不舒服呢（迷惑法和否定询问法）？

姬儿：你八成是希望在那儿遇到他的妻子，想看看她穿的那些俗气无比的紧身衣下面都有什么吧。

杰克:（微笑）你也许说得对。他们有可能在那里，我也不介意看看她衣服下面有什么，不过我喜欢看裸体女人这一点，又有什么让你不舒服呢（迷惑法和否？定询问法）

姬儿：你娶的可是我呀。

杰克:（只是稍带嘲讽地）是的，不过，咱们结婚这一点，怎么会让我看裸体女人都不对了呢（迷惑法和否定询问法）？

姬儿：我要是想看看别的男人，你会喜欢吗？

杰克：你想看看别的男人，这又有什么不对呢（不能说："你都看过了！在哈利·施瓦茨的汽车后座上，那时你还没有遇到我。只是他没什么可看的罢了！"）（否定询问法）？

姬儿：（嘲讽而尖刻地）要是别的男人让我觉得有快感，你会喜欢吗？

杰克：我不知道，不过我还是想要咱俩一起去，看看能不能学到点什么（自我表露法和"我是一张坏唱片"法）。

姬儿：你的意思是，你觉得咱们应该让别人来激起快感，这样才能让咱们的性生活更有意思？

杰克：别人激起咱们的快感，让咱们的性生活更有意思，有什么地方不对呢（否定询问法）？

姬儿：你是说，现在我给你的快感不够吗？

杰克：你确实给了我快感，可咱们的性生活平淡乏味。我想要咱俩一起去马里布，看能不能学到点新东西（迷惑法和"我是一张坏唱片"法）。

姬儿：（或怒火中烧，或哭泣）我还以为自己对你有足够的吸引力呢。

杰克：你有，可我想要咱们一起去马里布，看看能否学到点什么（迷惑法和"我是一张坏唱片"法）。

姬儿：咱们只是看些书，不可以吗？

杰克：可以的，不过我还是想要咱们一起去马里布。咱们去那儿有什么不对吗（迷惑法、"我是一张坏唱片"法和否定询问法）？

姬儿：没有什么不对，我想。不过，这样做让我很担心。

杰克：我能理解……谈一谈是什么让你担心，怎么样？说一说，好不好（迷惑法和可行折中法）？

姬儿：好吧。

杰克：咱们去马里布这事儿，哪里让你觉得不舒服呢（否定询问法）？

姬儿：我不知道，我只是一想到就很紧张。

杰克：你觉得是什么让你紧张呢（否定询问法）？

姬儿：那些光屁股呀。

杰克：（安慰地）好吧。要是一堆的屁股都在那儿光着，又有什么让你紧张呢（否定询问法）？

姬儿：咱们自己也光屁股呀。

杰克：我开始明白你的想法了。咱们光着屁股，又有什么让你紧张呢（否定询问法）？

姬儿：在一堆儿光着屁股的人面前到处走动，就是不对。

杰克：咱们在其他光着身子的人面前走动，又有哪里不对呢（否定询问法）？

姬儿：我从来都没有见过这样的人。

杰克：我们是很可能从来都没有见过，可会一会这些人，又有什么不对的呢（迷惑法和否定询问法）？

姬儿：他们当中的一些人，可能真的很古怪。

杰克：我相信一些人是很古怪，不过会一会这些光着身子的怪人，又有什么不对呢（迷惑法和否定询问法）？

姬儿：不是不对……我以前就碰到过一些怪人，那时我可是穿着衣服的。

杰克：那跟你不穿衣服遇上一些怪人，又有什么不同呢（否定询问法问法）？

姬儿：我会觉得自己完全暴露在他们面前了！

杰克：你是会暴露，不过暴露又为什么让你担心呢（迷惑法和否定询问法）？

姬儿：他们会怎么看我呢？光着屁股，在色情居住区到处乱走！

杰克：你说得对。他们很可能会以为，你是出于跟他们相同的原因才去那里的（迷惑法）。

姬儿：可是接下来，他们就会挑逗我。

杰克：我相信他们会。不过他们挑逗你，又有什么让你不舒服呢（迷惑法和否定询问法）？

姬儿：我会觉得很虚伪……因为我嘴上说不行，可屁股说的却是另一回事。

杰克：是那样的……咱俩都会那样……也许咱们还会跟那儿的一些人玩游戏……我还没准备好参加集体性交，不过我还是想要咱俩一起去，看看是怎么回事（迷惑法、否定决断法、自我表露法和“我是一张坏唱片”法）。

姬儿：（若有所思地）要是那儿的女人挑逗你怎么办？你会喜欢那样的。

杰克：我当然会喜欢，可虚伪并不让我心烦（迷惑法和否定决断法）。

姬儿：可要是你不想离开那里，怎么办？

杰克：也许在我们学到东西之前，我是不会想离开的（迷惑法）。

姬儿：要是我真的非常紧张，会有什么情况？我可能想马上离开。

杰克：咱们至少待上两小时怎么样？两小时之后，要是你真的非常紧张，那咱们就走（可行折中法）。

姬儿：可要是他们开始逼咱们怎么办，天知道咱们会碰到些什么样的事。

杰克：老天才知道的事，正是我希望咱们看到的呢（迷惑法）。

姬儿：可要是你喜欢上那样的事怎么办？

杰克：（咧嘴而笑）你的意思是我不该勃起吗（否定询问法）？

姬儿：我想的正是这个呢。

杰克：我也正在考虑那一点。我把它藏在你身后怎么样（可行折中法）？

姬儿：唉，我也想藏在你身后呢。

杰克：那我们怎么办？

姬儿：这样行不行。要是你麻烦了，你就躲在我身后，要是我麻烦了，我就躲在你身后。

杰克：好吧……去不去呢？

姬儿：要是咱们只看看，什么都不干的话，我就去。

杰克：咱们只是去那儿学习（可行折中法）。

姬儿：我不知道……还是有什么让我担心。

杰克：是什么呢（否定询问法）？

姬儿：要是咱们碰到认识的人，该怎么办呢？

杰克：也许会碰到。要是那样的话，你想怎么办呢（迷惑法和可行折中法）？

姬儿：我可不知道。天哪！那样会丢死人的。

杰克：是的，可要是那样的话，你愿意怎么办呢（迷惑法和可行折中法）？

姬儿：（自言自语）不知道他们是不是也有同样的感受呢？（咯咯地笑）要是在那儿的街上看到哈利和简，那可真有意思了。我打赌，他不穿古驰皮鞋的样子肯定大不一样。也许会有点意思……不过，除非你答应咱们一起去、一起待着、一起离开，否则我是不会去的。

杰克：一言为定，宝贝。

姬儿：你也不会去勾引什么人吧？

杰克：咱们离开后，我只勾引你（可行折中法）。

姬儿：好吧。

这段练习性对话所描述的，只是学员们的真实情形之一，他们在配偶面前果敢地坚持自己的想法，从而达成了双方都更感到舒服的折中办法。这些折中办法都很简单，跟下述做法是一样的：在进行某一性交动作时，相互照顾对方的偏好，或在不同情况下，交替应用双方的偏好体位。患者和学员在性爱中达成的折中办法，常常包括相互“挑逗”，比如说增加前戏时间、相互爱抚和自慰、阴部亲吻、口交等。

在最后的 18 个月，300 名学生中，只有一人说这样的课堂练习让她很不安……而这种不安，也让她觉得非常惊讶。她觉得自己在性爱上是个老手，我们谈到的一些奇异的性行为，很多她都体验过。她原以为，自己在性爱方面已经很“解放”，可后来才发现不是这样。只有别人来“解放”她时，她才会“得到解放”。在班上练习提出自己的性要求时，她已经举步维艰，而当她想对性伴侣那样做时，却发现比面对其他同班同学更困难。实际上，她在这方面非常不自信。

一位 40 来岁的女学员，在课间休息时，走到我面前说：“彼得。假如你 8 个星期前跟我说，今晚我会在这儿对着一个陌生人谈论性生活和性幻想，那我肯定会说：‘你疯了吧！’可今晚我做的正是这种事，还真正了解到了我自己和他人的一些东西。”她认识到，要是在这种个人风险极高的领域，她和其他人都能应对自如，那他们在那些更为平常的行为领域就会做得更好。几个月之后，她在圣塔莫尼卡跟我见面。相互开过普通的玩笑后，她把我介绍给她 14 岁的女儿：“这位是彼得·史密斯，是我一直跟你说的自主培训班的老师。等你长大了，可以去参加他的培训班。”

显然，这位布伦特伍德的中产阶级家庭主妇坚定地认为，她那个 14 岁的女儿肯定能够从学习强势的过程中受益——也许是性方面的自信吧，虽然她当时心中所想的，很可能是女儿将来跟配偶一起生活时，必须学会应对感情与婚姻的矛盾和冲突。

下面这段对话，表明了学员怎样强势地应对配偶的操控：他想让她待在家里，而她却想开拓自己的生活方式，不想只当一个母亲和家庭主妇。

对话 32. 家庭主妇与丈夫商量，想上班工作——坦率说出想法，拒绝被操控

下面这段自主性对话，是由同事苏珊·利维恩女士和我本人共同设计的，并在最近一次专业研讨会上示范过。对话的内容，是在临床中，对因婚姻问题前来就诊的夫妇观察所得，属于情景式的操控性对话样本。

对话场景：把孩子们都抱上床睡觉后，自信的妻子走到丈夫身边，提出了自己想改变一下生活方式的心愿。

苏：我一直想找份工作。孩子们经常不在家，我的空闲时间很多。

我：从家里的情况来看，你可不像有很多空闲时间呀，还是那么乱。

苏：是，是那样的。家里算不上最整洁，不过我还是想到外面去找份工作（迷惑法和“我是一张坏唱片”法）。

我：唔……那样做，在我看来傻得很。你根本没什么拿得出手的技术呀。

苏：我同意你的说法。事实上，我自己也一直在考虑这个。我没有什么专业技能，不过我还是想出去找一找，看看能不能找到工作（迷惑法和“我是一张坏唱片”法）。

我:（试着用一种新的策略，但语气更温和）在我看来，你这个想法相当愚蠢呀……我的意思是，你不在家，就得花钱请保姆照看孩子，那样你就剩不下什么钱了。既然没什么可夸口的技能，那你工作又有什么用呢？

苏：你知道吗，我已经想过这个问题了。你说我挣不了很多钱，这一点也许对……尤其是刚开始……可我觉得，总得从哪儿起个头吧，所以我想找个工作试一试（迷惑法和“我是一张坏唱片”法）。

我：你是知道的，你父母一直都认为我没法像他们那样养活你，现在要是让他们看到你出去工作，他们就会更瞧不起我的。他们会说是因为我养不活你，所以你才得去工作。

苏：他们可能会那样……不过，真的……就算他们瞧不上你，又有什么让你觉得这样可怕呢（迷惑法和否定询问法）？

我：你可真会帮倒忙。是什么这样可怕？别在我面前自作聪明啦。

苏：在这方面我可能帮不了什么……也许我是有点儿自作聪明，不过我并不是这个意思。真的……对他们瞧不上你这一点，是什么让你很不舒服呢（迷惑法、自我表露法和否定询问法）？

我：你想要我一五一十地说吗？

苏：是的，请讲。

我：好吧，你们这些人瞧不起我，会让我很不舒服……你爸爸让我紧张，跟他说话的时候，我有时觉得低人一等，就像自己是个小混混似的。他时不时地像个混蛋那样对我……真正的问题在于，我还尊重他。这个混蛋，生意做得精，赚的钱也不少。

苏：是的，他确实有一手，不过说到他对我们，我觉得并不是事事都做得很合适……我觉得他那样对你，确实很讨厌，但我也认为，是因为我们自食其力、不依赖他们了，这才让他们觉得不舒服吧（迷惑法和否定决断法）。

我：你去上班，我也许能应对你爸爸的刨根问底，可孩子怎么办？我是说，孩子们放学回家之后需要你！

苏：我相信他们愿意在放学回家的时候看到我在家。实际上，他们回家的时候，我也想看到他们呀……可我没法既待在家里、同时又去上班呀。我想找份工作（迷惑法和“我是一张坏唱片”法）。

我：可别忘了，你也没法既上班、同时又带乔伊去上音乐课。

苏：你说得对。我觉得，要是我做不到既能在下午3点到学校接孩子，同时还能上班的话，我会选择上班，而不是接孩子。咱俩只要调整一下，弄出个新的时间表就行。我不知道结果会怎么样，不过我想那样做（迷惑法和“我是一张坏唱片”法）。

我：（自言自语）那可是我小时候一直没体验过的啊。那时我爸和我妈开了餐馆，两个人都得干活。我放学回到家，还得自己做晚饭，一个人吃呢。我像孩子们这么大的时候，很想跟父母待在一起。我一直都很羡慕堂兄桑尼。每当我觉得孤单，放学后我都去他家，而科迪伯母就会多摆一副碗筷。他们一直都不富裕，我也不喜欢吃炖羊肉，可我喜欢跟家人待在一起呀。她总是在家，而斯潘塞伯伯不上班的时候，也会在家。他甚至还想教我弹吉他呢。

苏：我很高兴，你在孤单的时候能去科迪伯母家。不过那样还是很苦啊。你以前从来没跟我说过（迷惑法）。

我：我知道。以前我一直不想说。

苏：我觉得，现在我明白你为什么会担心我去上班了。

我：是啊，谁能像你现在这样，带他们去参加少年棒球联赛和女童子军呢？从这些活动中，他们能学到一些很重要的东西呀。

苏：我完全同意你的话，而现在……此时此刻，我还不知道怎么解决，不过咱们会想出办法的。除此之外，还有什么让你担心的吗（迷惑法、自我表露法和否定询问法）？

我：我倒不那么担心乔伊。男孩子能照料好自己，可詹妮12岁了，有点标新立异，难道你没看出来？

苏：（微笑）我注意到了。

我：她总跟那个油嘴滑舌的小拉里待在一起。我可信不过那个小傻瓜。

苏：这一点咱们都得留心才是。要是我去上班，孩子们就会更自由，这让我也担心（迷惑法）。

我：我不相信你真的想去上班，让女儿独自在家跟那个油嘴滑舌的家伙待着吧。

苏：你说得对。我不想去为那个担心，可我确实想上班。你觉得咱们怎么解决……才不用担心孩子们独自跟朋友在家呢（迷惑法、“我是一张坏唱片”法和可行折中法）？

我：我想要你不去上班。

苏：（感同身受地）知道啦，不过咱们怎么解决这个问题，才能不用去担心孩子们呢（迷惑法和可行折中法）？

我：（思索）也许咱们可以跟他们一起坐下来，说明这个问题，并定下一些规矩……比方说，我们不在时，不能带朋友来家里。

苏：这主意听上去很不错，我也可以跟街上的朱迪谈谈，假如我们不在，孩子们有需要了能不能去找她（迷惑法和可行折中法）。

我：好吧。我不喜欢你去上班，不过目前让孩子们独立一点，是不会害了他们的。毕竟，我 8 岁起就自己照顾自己了。可你要上班，还要照料家里，怎么做到呢？现在你已经够累了，要是你去上班，你一回来就会累得趴我身上的。

苏：我确实可能会很累，不过我累得趴你身上，又有什么不对呢（迷惑法和否定询问法）？

我：你明白我的意思。家里会乱成一锅粥，我也会内疚，因为你要做两件事——上班和打扫家里——可我只做一件事。

苏：咱俩可能都会觉得难受，不过我还是想上班。你会跟我一起解决吗（迷惑法、“我是一张坏唱片”法和可行折中法）？

我：怎么解决？

苏：现在我还不确定能想出什么办法。你有办法没有（自我表露法和可行折中法）？

我：晚上我可以去买东西。我一点儿也不介意干那个。詹妮跟乔伊可以帮干点儿家务。多承担点责任，害不了他们的。没准儿，咱们可以马上这样做呢。

苏：但愿如此……你觉得咱们还可以干些什么别的……

这段对话的重点是为了表明，在婚姻矛盾中，如果能强势地说出心中的想法，那就并不需要吵闹不休。除了一般性挫折（这种挫折每个人都会遇到）会引起夫妻双方大动肝火之外，婚姻关系中的许多怨气和挫折，都源自“要是……会怎么样”这种不切实际的担忧，以及为了应对担忧而采取的“操控—反操控”的做法。

我们都已经看到，感同身受、勇敢地把想法告诉配偶，不理会“要是……会怎么样”的担忧，这种做法会最大限度地减少彼此的操控，操控是一块可怕的绊脚石，妨碍着双方进行亲密交流和达成折中办法。

在下面一段对话中，我让女学员应对一种临床环境下常见的性障碍——无爱意的做爱。女患者经常抱怨，说配偶只是要性交，此外什么也没有。这种行为可能说明丈夫对妻子漠不关心，但“迅速开始”的习惯，也是男患者常见的性行为模式——这些患者，都是因为无法长时间保持勃起而来接受临床治疗的。许多人都有过这样的病史：在延长了的前戏期间，他们无法保持勃起，不能在配偶要求的时候插入。经过这种挫败之后，他们就会产生某种预感，觉得日后还会出现这种丢人的失败。

许多患者还说，在延长的前戏期间，配偶因为性经验不足，不懂激发他的性兴奋。这些患者通常都不够自信，在过早疲软时，不敢要求配偶进行调情，所以他们更喜欢草草了事，尽快达到最大的性刺激，以避免性交失败。虽然配偶的漠不关心，可能是一方压抑怨怼或性无知导致的，但我对女学员建议说，她们首先还是应当假定问题的原因，是配偶担心自己表现不佳，由此产生的“隐性焦虑动机”。

尽管要让女方来深入探究这个令人尴尬的问题，男性配偶可能会不喜欢，但临床经验表明，在性事上速战速决的丈夫，更有可能消极地抵制配偶对其性能力进行深入探究，而且还会操控她，让她接受现状。反之，假如女方带有操控性地想让丈夫按照她的意愿去做，那么，丈夫也常常会进行反操控。

对话 33. 妻子姬儿对丈夫提出性问题
——鼓励丈夫提出批评，并且自己不生气！

对话场景：姬儿跟杰克关系很好，但她觉得，他们的做爱方式少了点什么。通常做爱时，杰克一般先插入，然后就很快地进行性交。他达到高潮后，较少跟姬儿进行身体接触或语言交流，常常很快就睡着。晚饭后，姬儿拉着杰克在沙发上坐下，跟他说话。

姬儿：能把电视关掉吗，亲爱的？我想跟你说说话。

杰克：当然可以。（起身关掉电视）要说什么呢？

姬儿：我不知从何说起。我想我应该是知道的，不过说起来让我不太舒服（自我表露法和否定决断法）。

杰克：好吧，要说什么？

姬儿：我真的爱你，杰克，可我们的性生活让我烦恼（自我表露法）。

杰克：咱们的性生活完全正常呀。

姬儿：当然正常，不过还是有些方面让我烦恼（迷惑法和“我是一张坏唱片”法）。

杰克：（沉默了一会儿）咱们非得现在谈吗？

姬儿：不是的，不过我想现在就谈。你是想看完新闻之后再谈吗（迷惑法、“我是一张坏唱片”法和可行折中法）？

杰克：不是的。

姬儿：那好。咱们做爱的时候，要是事前多花点时间爱抚、找点乐子，而不是一下子就进入主题的话，我会更喜欢的。我觉得，那样我会更兴奋。还可能会有更多高潮呢（自我表露法）。

杰克：我们没有一下子就进入呀。听上去我就像一个只顾自己享乐的人。

姬儿：也许吧，你说得对。可我还是觉得，要是前戏和爱抚的时间，比之前多一些的话，我会更喜欢的（迷惑法和“我是一张坏唱片”法）。

杰克：咱们以前常常那样，所以咱俩上班经常迟到啊。

姬儿：你这么一提，我才想起咱们确实经常睡过头。不过，咱们刚结婚那阵子，常常在深夜做很久的爱呢（迷惑法）。

杰克：我可不是超人。第二天我得上班，你又不是不知道。

姬儿：你说得对，我并不想你变成超人，不过有没有什么办法，让咱们既有更多的前戏，又不让你太累呢（迷惑法和可行折中法）？

杰克：我可没有累，只是有点困而已。

姬儿：我知道那会让你觉得困，不过你确定前戏里没什么让你觉得不喜欢，或让你觉得很累的东西吗（迷惑法和否定询问法）？

杰克：刚结婚那会儿，有好几次都弄得我筋疲力尽，根本做不了爱了。你还记得吗？

姬儿：你说得对。那时咱们确实有问题。在这件事上，我是不是太心急了？你是不是想日后再谈呢（迷惑法、否定询问法和可行折中法）？

杰克：不是，我没事儿。

姬儿：我想要更多的前戏，这方面有没有什么让你觉得很累的呢（否定询问法）？

杰克：唉，以前我累的时候，都没法勃起，记得吗？

姬儿：要是咱们有更多前戏，你觉得还会那样吗（否定询问法）？

杰克：我可不知道。也许会吧。

姬儿：要是你起不来，那我可以帮助你，这又有什么可怕的呢（否定询问法）？

杰克：（样子很焦急）怎么弄？

姬儿：（露出诱人的微笑）你想要我现在示范一下（可行折中法）？

杰克：（这回他自己笑了）

姬儿：要是咱们有更多的前戏，而你却起不来的话，你愿意我帮你吗（可行折中法）？

杰克：当然啦！（又严肃起来）可要是咱们整夜做爱，上班迟到怎么办？

姬儿：咱们为什么不试试，在晚上早点做呢？这样到了早晨，体力就会恢复了。好吗（可行折中法）？

杰克：行！

在几个月或几年的时间内，夫妻的性交次数减少，这可是所有性爱障碍中最困难的一个问题。虽然从男女两性的临床表现中，都看到过这种性爱逃避模式，但我和同事泽夫·瓦德纳博士的经验是，男性患者远比女性患者更喜欢否认这一问题的存在，女性患者通常比男性患者更坦率。

在这种特殊的情形下，我讨论的是男方：他在性爱方面逃避配偶，但没有明显、可靠的表征，说明他患有条件性的恐惧型阳痿症。他并不是经常无法勃起，或无法被其他女性激起性欲，也没有早泄的迹象。他的行为病史，更符合心理治疗学上的愤怒模式，而不是焦虑模式或混合模式。因此，导致性爱问题的原因，更多的是婚床外发生的事。

我所说的这种逃避，并不是短期行为，从长期来看，我所认识的夫妻，有时会骂对方“去死吧”，并因为生气而短期内不与对方做爱。跟这种偶尔的口角不同，我说的是一种典型的临床病史模式：配偶中的一位，在长达几个月甚至几年的时间里，逐渐疏远对方。在愤怒模式下，这种疾病有一种显而易见的疗法，那就是训练“确诊患者”（即不愿做爱的那位配偶），让他在一些令人不快的事情上，更加强势地去应对，或起码能够对某些事表露出愤怒，偶尔也“撒撒气儿”，来消除双方那种剑拔弩张的气氛。

可是，怎样才能做到呢？这个问题很重要，对于那些不愿做爱的男性配偶来说，尤其如此。他很可能会否认性爱存在问题，至于让人来教他改变应对妻子的方式，就更别提了。

在一些临床病例中，要是妻子前来进行治疗，我就会强调运用迷惑法、否定决断法和否定询问法，让她们能够应对不愿做爱的丈夫提出的指责——这些指责既带有操控性，可又站得住脚。当她们充分做到这一点，对自己、对自己以前的操控性做法不再抱有自辩心理后，我就让她们去找丈夫，鼓励丈夫针对她们、针对共同生活提出批评意见。在鼓励下提出的这种批评意见，能够让日渐疏远的丈夫说出，他不喜欢妻子什么地方，不喜欢妻子做的什么事——正是这些方面，部分导致了他在性生活上的疏远。

这种鼓励下提出的批评，还能向不愿做爱的丈夫传达妻子的全新信息：妻子并不是一个脆弱、易受伤、依赖性强、令人窒息的女人。

然而对有些女性来说，按照她们的思维方式，要努力去找出问题的解决办法，比丈夫的日渐疏远更让人受不了。在这些不幸的人看来，应对配偶的不满，就意味着要他们改变生活中的很多方面，意味着要不那么依赖配偶，意味着要少操控对方，意味着要承担种种责任……总之，就是要探究并实现自身的需求和愿望，果敢地审视自身的负面情绪，并把它们认同为自己的一部分，与配偶一起找出折中办法，还不能去迫使对方遵循结构化的常规做法（正是这些常规做法，能够让她们逃避各种个人不安全感）。

从临床治疗而非政治的角度，我看得出，她们是不想努力去“获得解放”。这些不幸的患者认为，所谓的心理诊所，要么就是一个有人可以同情地倾听抱怨的地方，要么就是一个可以学到聪明的小伎俩、能不改变自己而改变配偶的地方。持有这种看法的患者（男女都包括）数量不算多，更多的是一些愿意付出努力、愿意养成新的个人行为或应对方式，来解决人际问题的患者。

下面这段对话，说明了这些女性患者在应对丈夫疏远时运用的一些自主技能。其中，练习自主技能的一方所鼓励的批评意见，很可能来自亲身经历，至少在他们自己看来，这些批评几乎涵盖了婚姻问题的各个方面。

这种批评，并不是男女大战。当女学员多过男学员，必须由两名女学员相互练习的时候，她们对疑心颇重的配偶所提出的批评，和男学员提出的经常相同，并且，当他们互换了自主者和疏远者的角色后，提出的批评往往也相似（虽然话语和细节不同）。

从下面这段对话可看出，那种原生的性障碍问题，也可以作为一种很有意思的训练手段来指导人们，怎样在亲密的婚姻关系中改变自己不当的应对行为。

很多患者遇到的真实问题，往往会持续几周到几个月，其间，他们会跟疏远的一方进行反复的、不带指责的、非自卫性的交锋，以达成折中办法，并改变彼此的行为。这种强势的做法改善了性关系，也形成一些让双方都更满意的新生活方式。

对话 34. 妻子姬儿与丈夫聊婚姻问题 ——放弃“自我保护”心理

姬儿嫁给杰克 3 年。最初的 18 个月里，双方对性生活都很满意，可过后做爱的次数就慢慢减少，并达到了低谷，在第二年的最后 4 个月中，他们根本就没做过爱。姬儿仍然爱着丈夫，想要找回新婚宴尔时的那种亲密感。姬儿已经掌握了自主技能，学会了让自己不那么担心，不那么有自我保护心理。她已经认识到，她才是自己的最终评判者，她知道，有些事情她很擅长，有些事情却干得很糟糕，她有能力评判自己的成功、过错和失败，并且还明白，要在生活中做出任何想要的改变，最终的责任都在于她自己。

对话场景：星期天上午，看完《泰晤士报》，姬儿跟杰克交谈（杰克可能会同样强势，同样容易取代姬儿，成为对话的发起者。在对话中我试图表明，心理辅导班上那些真正的夫妻，在运用非自我保护的强势的语言技巧沟通时，他们的语气和情绪是怎样的）。

姬儿：杰克。我一直都在想一个问题。不管承不承认，咱们都出现性问题了（否定决断法）。

杰克：别再这样了。咱们已经多次讨论过了。你就非得在现在，在心情都很不错的时候提这个吗？

姬儿：你说得对。以前，我为了让你做爱而唠唠叨叨，冲你大喊大叫、发脾气，不过现在我不想唠叨你了。我只是想从你的角度，来看一看这件事（迷惑法、自我表露法和可行折中法）。

杰克：（讽刺地）那可真是太阳打西边出来呀。

姬儿：是的，不是吗？每当发生这种事，我都觉得咱们越来越生分。咱们已经有 4 个月没做爱了（迷惑法和自我表露法）。

杰克：（戒备地）我爱你，不过近来我实在太累。经常加班，还有方方面面的事情，弄得我实在没心情。

姬儿：我相信你是很累，杰克（不能说："4 个月了！"或"近来你为什么要加那么多的班？"），可在我看来，还有别的事情。我觉得，可能是我做了什么让你讨厌我，让你提不起兴趣了（迷惑法、自我表露法和否定决断法）。

杰克：你没有让我讨厌。你在床上很厉害呀。

姬儿：也许咱们上了床之后，我是没什么问题，不过我觉得，咱们越来越疏远了，所以肯定是我做了什么事——不是在床上，才让你总是觉得我讨厌（迷惑法、"我是一张坏唱片"法和否定决断法）。

杰克：（转过身去看报纸）不是的，你很不错。

姬儿：你能想到的许多方面，我可能是不错，杰克。不过我确实做了什么让你心烦的事吧（迷惑法和否定询问法）？

杰克:（仍然有戒心）没有人十全十美呀。所有已婚夫妻，都会不喜欢对方的某些方面的。

姬儿：我相信别的夫妻也存在问题，不过我有没有做过什么，哪怕是无关紧要的小事，让你讨厌，让你生气呢（迷惑法和否定询问法）？

杰克：唔……（若有所思）是有几件事，你让我生气。

姬儿：什么事呢（否定询问法）？

杰克：具体说来不太容易……都是些小事……比方说，你6点钟已经提醒过我，可又在深夜问我，是不是把垃圾扔了。

姬儿：还有别的吗（否定询问法）？

杰克：还有。要是我帮你打扫家里，过后你总会挑出什么地方做得不对。

姬儿:（惊讶）我那样干了……？（慢慢笑起来）是的……我是那样干过……我还做了别的事让你不舒服吗（否定询问法、否定决断法和否定询问法）？

杰克:（开始有了兴趣）是的。你这样干，说你信不过我都有点轻，你更像是在找碴儿

姬儿：听上去，我也开始觉得是那么回事了……我做的什么事，让我看上去像在找你的碴儿呢（否定决断法和否定询问法）？

杰克：还不够吗？

姬儿：这些事情是够我深思的了，可我还是想多知道一些我让你心烦的事情（迷惑法和自我表露法）。

杰克：好吧，你还记得咱们只有一辆车的时候吗？

姬儿：记得。

杰克：只要我接你接得迟了，你就发牢骚，嘟囔上20分钟，说我怎么怎么对你不好了。

姬儿：我把失望发泄到你身上，这样做太傻了，不是吗（不能说："那你想听什么？你总是迟到，从来都不记得！"）（否定决断—询问法）？

杰克：（沉默）

姬儿：（从杰克停下的地方开始提示）我想，那时我没给你留什么面子，对吗？那样做是挺讨厌的（带有同理心的否定询问法和否定决断法）。

杰克：（发起脾气）你当然没给我留面子。即使现在想起来，我都气得要死。还有另外一桩。只要你开始发牢骚、发火，我就只能坐那儿受着。

姬儿：我是怎么逼得你那样的呢（否定询问法）？

杰克：不管什么时候，你想发火就发。可刚结婚那会儿，我一冲你发火，你就又哭又叫，跑进卧室哭几个小时，我不反复道歉，你就不罢休。

姬儿：（感同身受，有点尴尬）我是那样的，不是吗？那样做可真令人讨厌。我可以发火，却不许你发火。咱们来个约定吧。要是我发火，那你也可以发，反过来也一样，而且过后咱们都不用道歉，好吗（否定决断法和可行折中法）？

杰克：（警惕地）好吧……不过，为什么不要道歉呢？

姬儿：因为那样的话，就好像是说发火、撒撒气儿不对似的。

杰克：好吧。不过我觉得，那样的话，我可能会吃亏的。

姬儿：我怎么会让你吃亏呢（否定询问法）？

杰克：你冲我发火的次数，可比我发火的次数要多得多。

姬儿：我也觉得……那咱们这么办。要是你发火的时候告诉我为什么，那我就尽量做到，不因为鸡毛蒜皮的小事冲你发火。怎么样（迷惑法和可行折中法）？

杰克：那样做，难道不会让你像我从前一样，觉得沮丧吗？

姬儿：也许会吧……不过我的记性很好。过后我可以全部说出来，用它狂轰滥炸你呀（迷惑法和可行折中法）。

杰克：那是另一码事儿。要是我什么地方做得不好，你总会责骂我……要是你觉得我什么地方做得不好……一次一次又一次。为什么你就不能只是说一声你不喜欢，然后就不再提了呢？好像你是在竭力惩罚我似的。我不是小孩，要你来做如厕训练，我可是成年人了。

姬儿：我觉得我是那样干过，不是吗？看到我对你做的这些糟糕的事，我觉得特别难过，杰克（否定决断—询问法和自我表露—否定决断法）。

杰克：（同情地）你想不谈这个了吗？

姬儿：（迷茫地）我不知道。我还想继续谈下去，可看到自己这样，又觉得特别难过（自我表露法）。

杰克：（再次沉默）

姬儿：我都想哭……不过要是我现在哭，就会像以前那样，把什么都搞砸的。其实那样做，我一直都是在逃避（停了很久）。咱们再喝会咖啡，我觉得好点儿的时候再说，好吗？

杰克：好的。（喝完咖啡后）你想怎么办？

姬儿：我还是觉得难过，不过，咱们继续讨论这个没事儿吧？

杰克：当然，要是你真的想继续的话。

姬儿：不管我做什么或不做什么，你可都得帮我。

杰克：你想要我说什么？

姬儿：我希望你做我的治疗师，那样你就可以告诉我，我该说什么。

杰克:（生气地）是他告诉你这样干的吗？

姬儿：他只是提出了建议。不过，要是能让咱俩消除隔阂，我就会觉得这样做很有意义。我认为，一直以来，只要你做了我不喜欢的，我都在否定你。我想看一看，我能不能处置好那些你不喜欢的做法，而不用经常去逃避。要是你发牢骚的时候，我不那么紧张易怒的话，咱们就可以重新分享一些东西了。

杰克:（逃避）现在我可要喝点儿咖啡（几分钟之后又回来，样子很生气，点了一支烟）！

姬儿：我这样做，有什么地方让你不舒服了吗（否定询问法）？

杰克：我可不喜欢给你和你的心理学家当实验豚鼠[a]。

姬儿：我能理解。你加入进来，和我一起，去跟他谈谈怎么样（迷惑法和否定询问法）？

杰克：不去。

姬儿：你想离婚吗？

杰克：当然不想。

姬儿：要是咱们继续下去，关系没有好转，那我可不知道怎么办了。如果可以，我想就在这儿把问题解决掉。要是你既不想参加咨询，又不想像现在这样来试一试的话，咱们可怎么办呢（可行折中法）？

杰克：我不喜欢这样。

姬儿：你不一定非得喜欢呀。我想要你做的，只是跟我一起试一试而

---

a 豚鼠：guinea pig。几内亚猪，又名荷兰猪、天竺鼠、葵鼠等，常用作药物实验品。其祖先来自南美洲的安第斯山脉，在南美土著民间文化中，豚鼠占有重要地位，不仅是一种食物来源，也是一种药物来源和宗教仪式的祭品。

已（迷惑法和可行折中法）。

杰克：这跟以前没什么两样。我是一堆愚蠢的狗屎，而你呢，什么都知道！

姬儿：我做了什么事，让你觉得自己是一堆愚蠢的狗屎呢（否定询问法）？

杰克：简直就像是你正在胡乱摆弄我的头脑。

姬儿：你是想要咱们不再谈论这个了吗（可行折中法）？

杰克：不是。你跟那个该死的疯子已经惹恼我了。

姬儿：好吧。我们做的什么事，惹恼了你呢（否定询问法）？

杰克：你让我觉得我是病人，而你不是。你只是在运用他教你的什么狗屁强势法则。

姬儿：是的，我是用了。我不知道还有别的什么办法可以让你理解，不过你要是不想我这样做，那我就不用（迷惑法、自我表露法和可行折中法）。

杰克：你为什么就不能适可而止呢？

姬儿：我不想那样。也许我是想要咱俩像以前那样，或更好，或有所不同……（很沮丧）我也不知道自己究竟想要什么（自我表露法）。

杰克：好啦，我觉得，你好像是想在我身上实施什么卑鄙的诡计似的。

姬儿：可能吧，可我不知道别的办法。我能怎么办？难道你真的想继续这样下去（迷惑法、自我表露法和可行折中法）？

杰克：咱们现在这样，又有什么问题呢？

姬儿：（发火，回复到以前的做法）很多问题！你想要我列举你都干过的所有蠢事儿吗？

杰克：这才是问题。你跟你那张大嘴巴。

姬儿：（仍然生气）这正是我要说的一个方面。咱们总是吵架，要么就是我发牢骚、然后你闭嘴。我可再不想这样下去了。

杰克:(恼火地)我也不想!

姬儿:那看在老天爷的份上,试一试!试一试不会杀了你的!

杰克:(疲惫地)你想要咱们干什么?

姬儿:(恢复平静,沉默了一会儿)要是你实在不想试,那就没什么可干的(可行折中法)。

杰克:我不喜欢这样。

姬儿:我能理解,不过你愿意试一试吗?要是你说"不想",咱们就不试(迷惑法和可行折中法)。

杰克:要是太让人受不了,咱们就停止,行不?

姬儿:由你决定。要是你不想跟我一起来,那就只是浪费时间……就像以前我冲你发牢骚那样。以前我只是让你按照我的意愿去做,而没有一起来看看,咱们各自都有什么需求(迷惑法)。

杰克:好吧(注:此时要是杰克不同意,就不会有进一步的亲密沟通)。

姬儿:你想要以后再试吗?明天或下周再来(可行折中法)?

杰克:再试一次吧。

姬儿:咱们是在哪儿停下来的呢?

杰克:我要是知道才怪。你在我身上试这个,都快气死我了。

姬儿:好吧。咱们就从这儿开始。你能确切地说出我做了什么让你恼火吗(否定询问法)?

杰克:你让我觉得你无所不知。

姬儿:我是怎么做的呢(否定询问法)?

杰克:你以前总是非常含蓄、狡猾。

姬儿:好像我在欺骗你(否定询问法)?

杰克：对！

姬儿：我做的什么，让你觉得我好像在欺骗你呢（否定询问法）？

杰克：好像我跟你说的一切，都被你当成了耳边风。你连眼睛都不眨一下……起码在你没哭的时候是这样。

姬儿：我觉得，那种时候我都是在逃避（自我表露法）。

杰克：不一样。平常你哭起来跑走的时候，我看得出你对我很生气。可这一次，你只是哭。

姬儿：我哭和我对你很生气，又有什么不一样呢（否定询问法）？

杰克：你那样哭的话，我开始会很恼火，接下来就会觉得很内疚。

姬儿：我怎么让你觉得内疚呢（否定询问法）？

杰克：我可不知道。我能肯定的，就是你所做的一切全都是狗屎，可你还是让我内疚……所以，就算我还在生你的气，我也想给你道歉。

姬儿：对我来说，那是一种逃避……我哭起来跑开，把你关在外面，让你自己去忍受怒火……好像我是在说："对我这么不好，你是个多坏、多虚伪的混蛋啊。可怜我弱小无力呀（带有同理心的否定决断法）"。

杰克：你那样的时候，弄得我真是糊涂透顶。我讨厌你的不要脸，可我还要去哄你。天哪，真是一团糟。

姬儿：你想要停下来吗（可行折中法）？

杰克：（仍然很生气）当然不想！

姬儿：还有别的吗（否定询问法）？

杰克：出现那种情况的时候，我实在觉得，自己就像一个拖鼻涕的小孩，要人来换尿布才行。

姬儿：（从杰克中断的地方开始提示）我让你觉得你是一个小孩，而不是成年人吗（否定询问法）？

杰克：是的。

姬儿：我还做了别的什么，让你有那种感觉呢（否定询问法）？

杰克：还有就是你说的那些琐碎的话，比如“这里什么都得我来干！”或“你从来都不做什么重要的事。你只做你自己感兴趣的事！”

姬儿：我确实说过。我以为我只是像平常一样发发牢骚罢了，可是用那种口气说出来，好像我不尊重你似的，是这样吗（迷惑法、自我表露法和否定询问法）？

杰克：听上去正是那样的。

姬儿：我那样做的时候，你可不可以不理我呢（可行折中法）？

杰克：我试过，不过我心里还是冒火呀。

姬儿：那么，我再说那些话的时候，你就对我吼上一阵，让我闭上我的臭嘴，怎么样（可行折中法—否定决断法）？

杰克：让我回你的嘴？

姬儿：正是。

杰克：（沮丧地）有时我实在烦透了你，甚至都不想吵架了。

姬儿：是的，你是那样做过，可我还骂你是在生闷气。以后我还是会发牢骚，不过，要是我做得太过分了，你就冲我发一通火吧，即便你不喜欢那样，可能也会有作用的（迷惑法、否定决断法和可行折中法）。

杰克：（谨慎地）好吧。我可没有答应什么，不过我会试一试的。

姬儿：我还做过别的什么，让你不喜欢我呢（否定询问法）？

杰克：再就是那些日常性的普通事情，我总觉得你在责怪我，说问题是我造成的。

姬儿：（好奇地）那我可实在不明白了。出了问题的时候，我做的什么事情，让你觉得我在责怪你呢（否定询问法）？

杰克：我不知道是怎么回事。要是你不喜欢公寓里的什么东西，发起牢骚来，不知怎么的，我就会觉得那是我的错。我们租下公寓之前，我本应当更仔细地看一看的。

姬儿：（从杰克中断的地方开始提示）听起来好像是说，不知怎么的，我把所有问题的责任都推到了你身上，对吗（否定询问法）？

杰克：是的。好像发生的每件小事都该我负责似的。这些都不是大事，可是3年来，这种问题发生了太多太多，让我太累了。有时我晚上都不想回家，因为觉得肯定会发生别的什么问题，要我来负责。

姬儿：我明白。我还做了别的什么，让你觉得要你来负责呢（否定询问法）？

杰克：我不知道。很多事。比方说，要是你累了，我就觉得那是我的责任，不该让你累着。

姬儿：（从杰克中断的地方开始提示）我让你觉得，好像你应该负责让我高兴似的，是那样吗（否定询问法）？

杰克：正是。好像我在你面前必须时时注意一言一行，不让你心烦，我没法很自在，我时时都得担心你，看你是不是没事儿。

姬儿：（从杰克中断的地方开始提示）你是说，我事事都太依赖你了（若有所思地）。很可能是这样。我还做了别的什么，让你觉得好像要你负责呢（否定询问法）？

杰克：有时你好像没有我就什么都干不成。我总得到场才行。要是我实在不想干，把我的想法一说，你就会冷冰冰、一言不发地对待我。你认为，我就是不能不喜欢你想做的事情。好像除了跟你在一起，我就没法活了似的。除了上班，要是我做了什么事没带着你，你就会发脾气。我觉得，要是你能找到理由，你肯定会跟着我去上班的。有时我甚至觉得，这不是婚姻，而是另一份工作，我是替你打工呢。甚至在性生活上也是这样……有时我觉得做爱好像是欠你的，不是我想做，所以我讨厌做爱！你意识到没有，咱们结婚3年来，除了钓鱼，我一个晚上都没有跟朋友出去玩过，而我去钓鱼的时候，你还总发牢骚。

姬儿:（激动起来，有一点儿恼怒）天哪，咱们确实有问题。

杰克：这正是我要说的。我把我的感受告诉你，可你总是听不进。你只是甩甩手，把什么都推给我。

姬儿:（想了一会儿）我明白你的意思了（不自在地微笑）。我不太擅长干这个，对吗（带有同理心的迷惑法和否定决断—询问法）？

杰克:（自卫地）是你自找的。

姬儿：别这样，杰克。你说得对。当你真的告诉我怎么回事的时候，我确实难以控制自己，就像现在这样，不过请别放弃对我的希望（迷惑法和可行折中法）。

杰克：哦？

姬儿:（情绪恢复过来，从杰克中断的地方接着说）我想，我确实太依赖你，对你的要求也太高，对吗？咱们怎么解决这个问题呢（带有同理心的否定决断—询问法和可行折中法）？

杰克：我可不知道。你可以说“出去找乐子去吧”，可要是你一个人坐在家里怨恨不已，我仍然会内疚，觉得要对你负责才是。光说不练是没用的。

姬儿：很有道理。我也觉得没用。咱们来看一看得出了什么结果吧。我想要咱俩关系更亲密、分享更多的事情。问题是，当你跟我分享一些不好的事情，分享咱俩之间那些你不喜欢的事情时，我却没有理会你。而最糟糕的，就是我不理会你的那种态度（流下眼泪）。杰克……我很抱歉（迷惑法）。

杰克:（待着没动）我也很抱歉。

姬儿：我想，对我而言，关系亲密只意味着那些好的事情。你对我的那些胡说，我也应付不了。

杰克：(笑起来，接过她的话头)什么胡说？我可是十全十美的！

姬儿：(微笑)你当然是啦(友好而带有嘲讽意味的迷惑法)。

杰克：我猜，要是我更胆大一点儿，我就会在你真的暴躁的时候叫你闭嘴的。

姬儿：也许吧……要是你真的想要干什么，我希望你能坚持到底，哪怕我让你很难受，也要这样(迷惑法和可行折中法)。

杰克：这些说起来都容易，可要怎样做才能实现呢？

姬儿：咱们可以像现在这样多谈一谈，消除误会，弄清彼此到底是什么意思啊。那样做如何呢(可行折中法)？

杰克：好吧，不过我希望你不要再做那些让我觉得我是你雇来的、只是哄你高兴的事情。

姬儿：是哪些事呢(否定询问法)？

杰克：咱们刚刚讨论的那些事呀。

姬儿：好吧……不过，要是我再做，你一定要告诉我(可行折中法)。

杰克：那样肯定不会让你再卡我脖子了。

姬儿：我还可以干别的什么事吗(否定询问法)？

杰克：去干点事，别只是待在家里，怎么样？去上学，学门技术，找份工作……我不知道。

姬儿：你说得对。我得让生活充实起来，做点有意义的事，不包括你在内。对我来说，一直都很难做到，不过也许当你想一个人出去的时候，我就可以做我自己的事了(迷惑法、否定决断法和可行折中法)。

杰克：咱们什么时候开始呢？

姬儿：马上开始，怎么样？

杰克：吃完中饭再说吧。我都饿死了。

姬儿：你同意了！

正如这段对话表明的，在他人面前果敢地坚持权利的时候，并不一定要像部机器，像个“言辞上的空手道大师”一样。就算难以表达意愿，或发了火、说了蠢话、慌张、说了违心的话、做出了违心的承诺，其实都并没有大碍。这不过是浪费一点时间罢了。只需像这段对话一样，重新开始，仿佛之前什么都没发生，继续说出真实的想法就行。

结　语

做你自己行为的评判者

正如最后一段对话所示，在坚持自身权利的时候，用一种非自我保护的、不带操控性的方式进行沟通和应对，就可以向对方传达一种极其重要的信息。这是一种保证，表明你不会干预他做出决定，就算讨厌对方所说的话，你也不会干预。

有了这种保证，矛盾才能通过相互妥协解决掉——如果真的存在折中办法的话。两个人之间达成的行为妥协，并不是一种控制。只有当别人进入“我”那个唯一的个性领域“内部”，才会产生行为控制。在这个领域，我们所有人都可以不受上帝、父母、法律、道德和其他人的约束，在这个领域，我们可以独立决断自己需要什么，在这个领域，我们都可以权衡想做的事和可能带来的好处和后果，有时甚至可以不考虑现实情况。

即便是在心理治疗中，心理学家也得经过允许，才能进入患者的私密领域，假如未经允许治疗师就侵入了，那么服务关系就得终止，否则会导致患者产生心理依赖，要治疗师来代替他做出决定。这时，治疗师就会烦不胜烦，因为患者可能会在凌晨3点打来电话问:“我该怎么办？”

在患者做决定的过程中，治疗师参与进来，是为了帮助患者搞清自己的需求、情感，以及这些需求和情感导致的行为。是为了利用专业技术，帮助患者解决问题，而不是替患者解决问题，是为了帮患者做想做的事，而不是去做治疗师想要患者做的事！

我所有的个人经历和专业经验表明，两个人是可以应对彼此制造的那些日常矛盾的，并且还可以处置得很好。大家之所以无法很好地应对矛盾，最主要的绊脚石就是，我们会去干预他人做决定，会习以为常地通过让他人觉得不安、觉得受到了威胁、觉得内疚或无知等方式，去操控他人的意愿。要是你发现自己处置不好跟他人的矛盾（尤其是你在意的人），那么你也许应当试一试：果敢地坚持自己的需求，而不是去操控对方；果敢地坚持自己的意愿，而不去损害对方的尊严和自尊。然后，再来看看结果如何。

很多人一直在设想，系统性的强势法则对于整个社会可能产生什么影响。他们一直在设想，对于我们的生活方式，甚至对于我们跟通用汽车公司打交道这样的事，它又会产生什么样的影响。他们常问，要是无数的人都变得更强势，不让别人操控，那么整个社会在人际交往、政治、经济和法律方面的运转方式，又会有什么样的改变呢？

虽然我可以心安理得地回答“我不知道”，但我还是想强调，在系统性强势培训的领域内，我唯一的关注点是人类社会的两端——个人和整个人类。作为心理学家，我一是关注两个“个人”这一最小的社会单元之间的矛盾关系，二是关注整个人类，关注这个动态的、尚在进化的物种状况。这两个极端之间，任何事物都是主观武断和可以协商的，从长远来看，它们很可能不只给人类带来某一种影响。

假如因为政治、宗教、社会富足或无节制的原因，而使人口过剩，那么我们就会受到自动调控。除了承受人类行为带来的后果，大自然并没有赋予人类别的选择。要是因为污染、避孕药、歧视、战争、饥荒或疾病而使人口不足，那么我们也会像过去一样，自动地添丁加口。对于人类因生存而形成的久经考验的遗传基因，我有着绝对的信心，但除了信任自己可以选择应对他人的方式之外，对于自己的生存，我却没有什么信心。我对人类有信心，但没有信心让他人来决定我的身心健康。

我是我自己的评判者。

你是你自己的评判者。

决定权在于你。假如你想要自己决定的话。

本书参考文献

参考专著

R. E. 阿尔伯蒂和 M. L. 埃蒙斯，《完美权利》。圣路易斯奥比斯波：冲击出版社，1970。

J. D. 克朗伯兹和 C. E. 托勒森合编，《行为咨询：病例和方法》。纽约：霍尔特，莱因哈特和温斯顿出版社，1969。

R. D. 鲁宾、H. 费斯特汉、A. A. 雷哲鲁斯和 C. M. 弗兰克斯合编，《1969 行为治疗学发展》。纽约：学院出版社，1971。

C. J. 萨格尔和 H. S. 卡普兰合编，《集体和家庭治疗发展》。纽约：布伦纳—马泽尔出版社，1972。

A. 沙尔特，《条件反射疗法》。纽约：法勒、斯特劳斯和吉劳克斯出版社，1949。

J. 沃尔夫，《行为治疗实践》。牛津：培格曼出版公司，1969。

J. 沃尔夫，《交互抑制心理治疗法》。斯坦福：斯坦福大学出版社，1958。

J. 沃尔夫和 A. A. 雷哲鲁斯，《行为治疗方法》。牛津：培格曼出版公司，1966。

A. J. 耶茨，《行为治疗学》。纽约：威力出版社，1970。

参考期刊杂志

H. D. 贝茨和 S. F. 齐默尔曼，“关于开发自主训练筛选量表”，《心理学报告》，28（1972），第 99~107 页。

N. B. 爱德华兹，病例研讨会：“一个同性恋童癖病例中的自主训练”，

《行为研究和治疗》，3（1972），第 55~63 页。

F. J. 海奎斯特和 B. K. 维因霍尔德，“社交焦虑与非自我肯定型大学生的行为集体咨询”，《咨询心理学期刊》，17（1970），第 237~242 页。

R. M. 麦克福尔和 D. B. 利勒桑德，“自主训练中的行为演练建模与指导”，《异常心理学杂志》，77（1971），第 313~323 页。

R. M. 麦克福尔和 A. R. 马斯顿，“关于自主训练中行为演练的实验性研究”，《异常心理学杂志》，76（1970），第 295~303 页。

D. L. 麦克弗森，“行为自主模式中的选择性操作适应作用和去适应作用”，《行为治疗和实验精神病学杂志》，3（1972），第 99~102 页。

S. A. 瑞瑟斯，“集体环境下自主训练的实验性研究”，《行为治疗和实验精神病学杂志》，3（1972），第 81~86 页。

J. 沃尔夫，“自主行为刺激：两个病例笔记”，《行为治疗和实验精神病学杂志》，1（1970），第 145~151 页。